50개의 주제로 보는

제주 도시건축의 단면
: 땅·공간 그리고 삶의 풍경 [김태일 지음]

제주대학교출판부
JEJU NATIONAL UNIVERSITY PRESS

차례

제 1 장 • 제주특별자치도 설치 및 국제자유도시 조성을 위한 특별법과 도시건축의 변화

1. 경제 활성화라는 이름으로 진행되는 비문화적 개발(非文化的 開發) 11
2. 초고층 건축(超高層 建築) 콤플렉스 14
3. 부동산 투자이민제도(不動産 投資移民制), 다시 생각해야 할 때이다.
   - 2014년 제주도내 중국인 토지소유문제를 다시 생각해 본다. - 17
4. 오라관광단지개발(團地開發)이 논란이 되는 이유 26
5. 해저고속전철(海底高速電鐵)은 필요한가?
   - 섬은 섬 다워야 - 29
6. 예래휴양형 주거단지(休養型 住居團地) 판결이 남긴 교훈 31
7. 제주 속 외국건축가(外國建築家)의 건축작품과 의미 33
8. 전환기의 제주개발(濟州開發)
   - 자기성찰과 미래가치를 위한 패러다임 전환 - 42
9. 다시 생각해보는 제주특별자치도 설치 및 국제자유도시(國際自由都市) 조성을 위한 특별법 44
10. 제3차 국제자유도시 종합계획(綜合計劃)과 2040년 도시기본계획의 논란을 보며 46

제 2 장 • 도시건축의 쇠퇴와 재생

11 활력있는 도시를 위한 주민참여(住民參與)   51
12 제주시 원도심 재생은 가능한가?(原都心再生)   55
13 제주신항개발을 위한 선행조건(新港開發)   60
14 건축자산(建築資産) 진흥을 통한 도시재생의 접근   65
15 도시재생과 지역통합돌봄(Community Care) 연계   68
16 행정의 책임성과 기획력(企劃力)   71

제 3 장 • 문화공간과 삶

17 매력적인 도시(都市)에 살 권리(權利)   77
18 제주건축의 지역성(地域性), 흐름과 변화   80
19 장소와 자본의 공공성(場所와 資本)
   - 사회변화속의 공공성 재발견 -   88
20 케이블카(Cablecar) 콤플렉스   90
21 행정의 문화정책(文化政策)과 시민 문화인식의 한계
   - 철거만이 능사인가? -   93
22 어린이교육시설(敎育施設)의 패러다임전환을 기대하며   97

제 4 장 • 시민에 의한, 시민을 위한 도시건축

23 100주년 제주도시계획과 콤팩트시티(Compact City) 103
24 문화와 자연기반의 시민생활공간(市民生活空間) 제언 107
25 도시건축과 삶의 질(Quality Of Life) 112
26 15분 도시(步行都市)의 지향점 114
27 모두를 위한 도시와 도시공간의 계층화(階層化) 117
28 시민의식(市民意識), 이제는 변해야 한다. 119
29 시민도 협력적(協力的) 동반자(同伴者)이다. 124
30 광장(廣場), 살아있는 도시의 심장 126
31 건축사(建築士)를 바라보는 사회의 인식과 현실 130
32 행정의 개방성과 정보공유(情報共有)
   - 시민의 정책참여를 위한 개방적인 행정자료실 조성 - 132

제 5 장 • 인구변화와 주거복지

33 초고령사회(超高齡社會), 제주도는 대비하고 있는가? 137
34 「신제주인(新濟州人)」과 제주사회의 변화 141
35 고령친화산업(高齡親和産業)의 활성화 147
36 「아파트 공화국」논란 이후, 제주도 주택정책(住宅政策)은 변하였는가? 150
37 저출산대책에서의 청년주거복지(住居福祉)의 중요성
   - 주거는 행복 추구의 기반이다 - 152
38 인권으로서의 유니버설 디자인(Universal Design)
   - 생활인프라 확산을 준비하고 있는가? - 154

제6장 • 기억과 추억의 장소, 공간

39　일본 문학계의 거장, 시바 료타로(司馬遼太郎)가 본 제주도(濟州島)　159
40　육지(陸地)로 연결(連結)될 수 없는 땅 제주, 육지로 만들고 싶은 욕망　161
41　왜, 옛 길(步行路)인가?　163
42　죽음과 희생을 기억하는 공간(記憶空間)　165
43　제주대학교의 상징, 옛 본관의 복원(復元)재론　169

제7장 • 기후변화와 녹색도시건축

44　토지개발(土地開發)문제
　　- 제러미 리프킨(Jeremy Rifkin)의 메시지를 다시 생각해 본다 -　175
45　기후변화(氣候變化)대응
　　- 친환경 도시와 건축정책을 강화해야 한다 -　178
46　수정되어야 할 탄소제로(Carbon Free)의 섬, 제주구상　181
47　공공성이 없는 민간특례사업(民間特例事業)을 통한 개발문제
　　- 일몰제에 사라진 도시공원 -　185
48　비자림로 확·포장(自動車道路) 논쟁을 보며
　　- 세상에 쓸모없는 나무는 없다 -　188
49　도시화(都市化)와 빛 공해
　　- 밤에 쉬지 못하는 도시 -　191
50　녹색도시(綠色都市) 조성을 위한 접근방안　193

책을 출간하며

　　　　제주는 특별한가에 대한 근본적인 질문에서 시작한 제주의 도시와 마을, 건축에 대한 탐구가 이제 29년이 되었다. 제주의 특별함의 기본적인 원천은 땅에서 시작된다. 화산이 분출하고 용암이 흘러 자연스럽게 형성된 화산섬 제주는 모진 기후에 의해 갈고 다듬어져 새로운 모습으로 변화되어 왔을 것이며 그 위에 새 생명의 씨앗이 정착하며 다양한 식생, 생명력이 넘쳐나는 자연환경을 형성하였다. 화산섬이기에 사람들이 농사를 짓고 생활하기에는 더욱 어려울 수밖에 없다. 제주에서의 삶은 모질고 척박하다고 한다. 그만큼 살기 어려움을 우회적으로 표현하는 것이다.

　　　　제주의 도시와 건축은 척박한 환경 속에서 탄생한 인문학적 유산이다. 그렇기 때문에 도시와 마을, 건축은 생존을 위해 척박한 환경에서 구축하며 살아온 제주 사람들의 삶 자체 이자 시대의 정신과 문화를 반영하는 것이다. 도시와 건축에 주목하고 오랜 것을 지켜가고 가치 있는 것을 새롭게 만들어 가려는 것도 그러한 이유 때문이다. 1960년 관광지로서의 개발목표를 두고 시작된 제주의 변화는 이후 제주도 발전의 긍정적인 부분과 부정적인 부분이 공존한다. 그러나 개발이라는 이름 아래 제주만이 갖는 특유의 가치와 정신을 적지 않게 훼손시킨 것도 적지 않다.

본서는 2008년 『제주도시건축을 이야기하다』, 2014년 『제주도시건축과 삶의 풍경』을 출간한 이후 작성한 글과 연구의 내용들을 모아 제주도내의 다양한 사회적 이슈와 연결되는 도시건축을 50개 주제로 나누어 제주가 지향해야 할 방향을 정리하여 출간하는 것이다. 학술적인 내용보다는 보편적이고 일반적인 내용을 중심으로 기술되어 있다. 아름다운 화산섬, 제주도의 정체성과 지향성을 구체화하는데 본서가 작은 도움이 되기를 기대해 본다.

끝으로 번거로운 편집작업을 잘 마무리 해주신 신우출판사 관계자에게도 감사의 말씀을 드린다.

아라골에서 김 태 일

01

제1장 제주특별자치도 설치 및 국제자유도시 조성을 위한 특별법과 도시건축의 변화

미래학자 제러미 리프킨의 『육식의 종말』은 우리에게 시사하는 바가 크다.
쇠고기 육식을 위해 인간의 과도한 개발과 소비가 어떻게 생태계를 파괴하고 있으며
국가와 국가, 지역과 지역 사이의 사람들의 삶이 불평등하게 변하고 있는가를 설명하고 있다.
아름다운 땅 제주에 사는 많은 사람들에게 환경에 대한 새로운 메시지를 전달하고 있는 듯하다.
경제발전에만 초점을 둔 개발논리와 그 결과가 진정으로 도민의 삶의 질을 높이는 것인지,
제주의 귀중한 자연유산의 가치를 극대화할 수 있는 것인지 개발정책과 환경정책을
새로운 시각으로 들여다보게 한다.
또한 국가 혹은 지자체, 그리고 시민들이 어떻게 해야 하는지 실천적인 방식을 다시금 생각하게 한다.

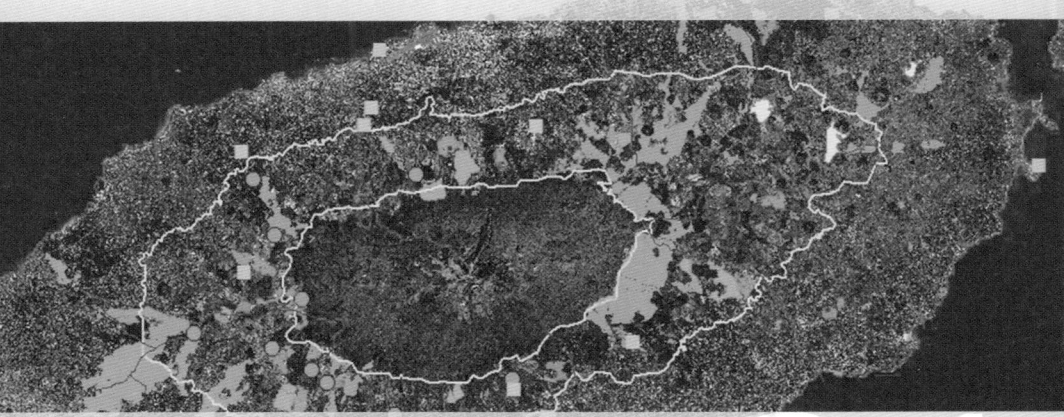

21세기 사회를 주도할 키워드는 문화와 환경이라 할 수 있다.
인간존중을 기반으로 하는 문화적 가치의 중요성.
그리고 생명의 근원이라고 할 수 있는 자연을 존중하면서
자연과 인간이 공존할 수 있는 개발방식이 요구되고 있다.
이것은 이 시대를 살아가는 우리들에게 주어진 의무인 것이다.

01

경제 활성화라는 이름으로 진행되는
비문화적 개발

아직도 많은 사람들의 가슴속에 기억되는 세월호 참사는 진행형이다. 304명의 어린 학생들이 목숨을 잃어야 했던 2014년 4월 16일 세월호 침몰은 폭력적 사건이다. 2016년 말 시작된 AI조류독감으로 가금류 전국적으로 3000만 마리가 살처분되는 일들이 최근 반복되며, 죄 없는 생명체가 인간의 필요에 의해 죽음을 당하는 것은 폭력적이다. 우리 사회의 비윤리성과 허술한 관리체계가 만들어낸 결과이다. 그 연장선에서 2022년 10월 29일 이태원 참사도 마찬가지이다.

그리고, 시각을 돌려 본다면 개발열풍으로 심한 상처를 받고 있는 제주의 땅도 훼손되고 변형되면서 땅이 가진 가치, 생명의 가치를 상실해 가고 있다는 점에서는 그 맥을 같이 한다. 대상과 지역이 다르지만 일련의 과정과 결과들이 모두 폭력적인 사건들이다.

상호작용하는 유기체들과 서로 영향을 주고받는 주변의 환경을 생태계 ecosystem라 한다. 땅과 사람, 그리고 가축 이 모든 살아있는 것들은 하나의 생태계에 연결되어 있는 일종의 유기체라 할 수 있다. 지구라는 하나의 생태계 안에 사는 유기체들은 먹이 사슬과 같은 상호 보완적 관계 통해 서로 밀접하게 연관되어 있는 경우가 많다. 그렇기 때문에 각각의 유기체들이 중요하고 소중한 존재이다. 불행하게도 우리는 그 중요성을 알지 못하거나 알려고 애쓰지 않는다. 많이 생산하고 많이 개발하고 많은 수익을 거두는 경제적 관점에만 치중되어 왔다. 사실 뒤돌아보면 산업혁명 이후 세계 각국은 급속한 산업화의 길을 걸었고, 이는 유한有限한 자원을 짧은 기간에 소비함과 환경 자체를 파괴하는 결과를 가져왔다. 또한 동양적 가치관이 수용된 유기체적 세계관이 발달하면서 인간 대 자연의 대립이라는 서양의 이원론적 사고는 인간을 자연의 한 부분으로 인식하는 생태학적 패러다임으로 바뀌게 되었다. 이러한 경향은 산업적 측면에서 더욱 강화되는 경향을 보이고 있는데 녹색산업이 대표적이다. 녹색산업은 경제적 이익창출을 목적으로 하는 산업적 차원에서 접근보다는 미래의 소중한 자원이자 살아있는 모든 생명체의 근원인 자연환경의 가치를 공유하고 보호해 가려는 실천적인 노력의 진정성이 무엇보다 중요하다고 할 수 있다.

인간과 자연의 공존을 외치는 제주의 현실은 어떠한가? 지역경제를 활성화 시킨다는 개발명목으로 건축물의 고도를 완화하거나 사업지구의 요건을 완화시켜 특혜논란과 환경, 경관 훼손의 논란이 끊임없이 이어져 왔다. 그 배경에는 결과에 집착하는 정책결정자들의 문제이기도 하거니와 개발에 대한 보상심리에서 기인하는 지역주민의 인식 문제이기도 하다. 광풍처럼 불었던 개발사업의 특징은 대규모화, 집중화, 상업중심화로 집약할 수 있다. 집중적인 대규모 개발은 당연히 유기체로 연결되어 있는 제주의 생태계에 큰 영향을 줄 수밖에 없고 개발이익의 공익적 가치도 미흡할 수밖에 없는 것이다. 쓰레기 처리문제, 교통체증문제, 하수처리문제, 친환경적인 에너지 확보문제 등 제주사회의 이슈가 되고 있는 근본원인도 궁극적으로는 과도한 개발로 인한 부작용인 것이다.

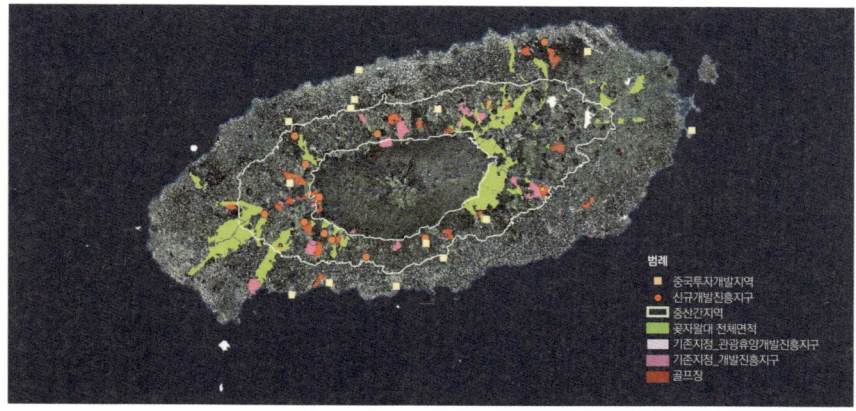

제주는 한라산, 중산간, 해안마을로 구성된 삶의 공간을 이루고 있다. 중산간(中山間, 표고200~600m 지역)은 중간영역이자 허파 역할의 공간이다. 그러나 수년 전부터 골프장과 대규모 관광단지 등 각종 개발의 대상지가 되고 있어 지하수, 경관, 생태훼손의 우려가 제기되고 있다.

이러한 지구환경 문제를 거대 담론으로 다루었던 미래학자 제러미 리프킨Jeremy Rifkin의 『육식의 종말』은 우리에게 시사하는 바가 크다. 쇠고기 육식을 위해 인간의 과도한 개발과 소비가 어떻게 생태계를 파괴하고 있으며 국가와 국가, 지역과 지역 사이의 사람들의 삶이 불평등하게 변하고 있는가를 설명하고 있다. 아름다운 땅 제주에 사는 많은 사람들에게 환경에 대한 메시지를 전달하고 있는 듯하다. 경제발전에만 초점을 두는 개발논리와 그 결과가 진정으로 도민의 삶의 질을 높이는 것인지, 제주의 귀중한 자연유산의 가치를 극대화할 수 있는 것인지 개발정책과 환경정책을 새로운 시각으로 들여다보게 한다. 또한 국가 혹은 지자체, 그리고 시민들이 어떻게 해야 하는지 실천적인 방식을 다시금 생각하게 한다.

21세기 사회를 주도할 키워드는 문화와 환경이라 할 수 있다. 인간존중을 기반으로 하는 문화적 가치의 중요성, 그리고 생명의 근원이라고 할 수 있는 자연을 존중하면서 자연과 인간이 공존할 수 있는 개발방식이 요구되고 있다. 이것은 이 시대를 살아가는 우리들에게 주어진 의무인 것이다.

초고층
건축 콤플렉스

　제주사회에서 논란이 되었던 드림타워의 초고층화에 따른 건축적, 사회적, 경제적인 문제는 여전히 진행형 일지 모른다. 하늘을 향해 높이 건축하고자 하였던 시도는 이미 성경에 나오는 바벨탑에서 찾을 수 있다. 고대국가 바빌로니아의 수메르인은 높은 산과 언덕에 탑을 빼곡하게 축조하였는데 그 이유는 신이 하늘에서 지상으로 내려올 때 발 디딤판으로 사용할 수 있게 하기 위함이었다. 그리고 바벨탑이 그 전통을 이어받았다. 바벨탑 공사는 하늘과 땅, 신과 인간을 엮는 「기적의 건축」으로 인류 최대의 건조물 축조공사였다고 할 수 있을 것이다. 그러나 실질적으로는 인간이 바벨탑을 높이 쌓아 올린 것은 노아의 방주와 같이 또다시 대홍수가 있어도 안전하게 피신하려는 의도였으니 어떻게 보면 신과 자연의 섭리에 대한 「욕망의 건축」이기도 하였던 것이다.

피테르 브뢰헬(Pieter Bruegel the Elder, 1525~1569)이 1563년에 그린 바벨탑
출처: 다음 자료

오랜 세월이 흘러 20세기 들어서면서 세계 각국에서는 초고층건축 경쟁에 열을 올리고 있다. 국가자본의 축적과 기술력을 보여주는 아이콘이자 현대도시의 랜드마크 구축이라는 상징적 의미, 제한된 도시공간 활용의 극대화, 건설산업 활성화 및 건축 기술력·노하우 습득 등 긍정적인 부분에 대해서도 높이 평가 할 부분이 있을 것이다.

그러나, 경관과 환경에 민감한 제주에서의 초고층 건축물이 경제적, 사회적, 기술적 측면에서 부정적인 부분은 없는지 냉정하게 짚어 볼 필요도 있을 것이다.

석양이 질 무렵 제주공항에서 바라본 롯데시티호텔(왼쪽)과 드림타워(오른쪽) 모습
햇빛에 의해 드림타워벽면 유리에 의해 반사되어 눈부심이 심하게 느껴진다.

바다에서 바라본 노형동주거지역 모습
오름을 배경으로 높은 건축물이 롯데시티호텔(공사당시모습)이다.

유목 생활을 하던 이스라엘인들이 예루살렘의 함락으로 이국異國 바빌로니아에 이주 정착하면서 목격하였던 거대한 축조물 바벨탑을 보고 고달픈 타국에서의 삶에 대한 신의 구원을 받을 수 있는 작은 희망으로 「기적의 건축」으로 느꼈을지도 모른다. 그러나 현대도시의 초고층건축물은 「기적의 건축」이 아니라 지극히 상업적 목적으로 만들어진 「욕망의 건축」에 지나지 않는다. 특히 환경과 평화를 지향하고 있고 신화의 이야기가 녹아 스며든 생명의 근원인 땅이 만들어내는 평화로운 풍경, 평화로운 삶을 지향하는 제주도에서는 초고층건축물은 부정적인 존재일 수밖에 없는 것이다.

부동산 투자이민제도, 다시 생각해야 할 때이다.

- 2014년 제주도내 중국인 토지소유문제를 다시 생각해 본다. -

2014년 당시 제주도내 중국인 토지소유문제의 발단

2014년 제주특별자치도 토지정책 토론회에서 필자가 중국인 토지문제를 제기하면서 전국적으로 떠들썩하게 했던 기억이 아직도 뚜렷하다. 이후, 제주도내 중국인 토지소유문제는 제주도의 가치와 개발방식, 정책에 대하여 인식전환의 계기가 되었다고 생각한다. 당시 제주도의회의 의뢰로 시작한 제주도내 외국인 토지소유분석은 2004년부터 2014년, 1년간 국적별 토지소유현황의 변화를 분석한 것으로 대략적인 제주도내 외국인의 토지소유 경향을 알 수 있는 부분이다.

2014년 5월 당시 미국인 소유자가 3,709,408㎡, 일본인 소유자가 2,116,561㎡, 중국인 소유자가 3,569,180㎡로 미국에 이어 중국이 많은 토지를 소유하고 있었다. 2004년 이후 추이를 보면 미국인과 일본인의 소유토지 면적이 증가하는 경향을 보였으며 특히 미국인의 소유토지 면적증가가 컸다.

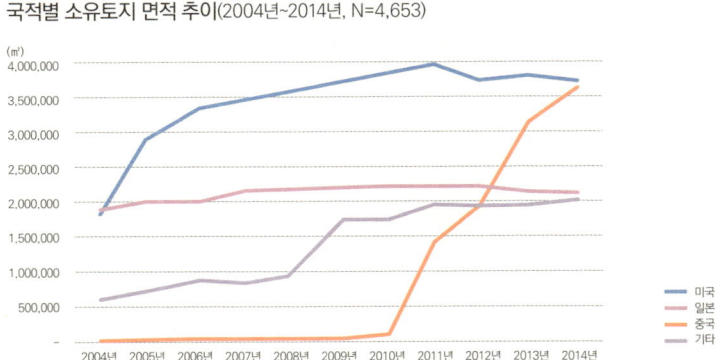

국적별 소유토지 면적 추이(2004년~2014년, N=4,653)

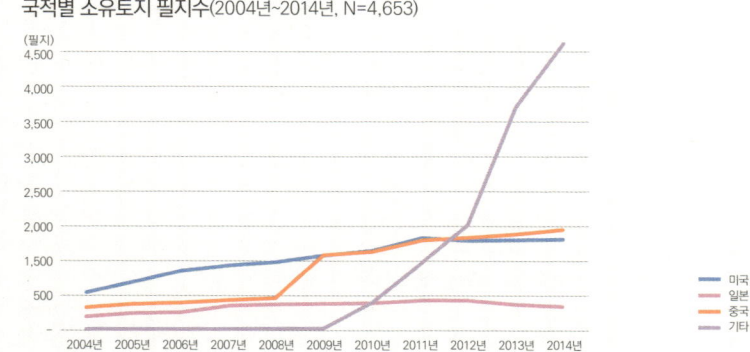

국적별 소유토지 필지수(2004년~2014년, N=4,653)

그러나 2010년 이후부터는 중국인 토지소유면적이 급속하게 증가하여 미국에 이어 많은 토지면적을 소유하고 있었다. 2010년 이후 중국인들의 토지소유면적이 급증하는 배경에는 제주도 입국 시 비자면제와 2010년부터 도입된 부동산투자이민제의 영향이 큰 것으로 생각된다.

한편 국적별 소유토지의 필지수를 보면, 2009년 이전까지는 미국인의 소유토지 필지수가 많은 것으로 나타났고 이후 일본인 소유토지의 필지수가 증가하고 있었다. 2010년부터는 중국인 소유의 토지 필지수가 면적증가에 비례하여 급증하고 있었다. 미국인과 일본인 소유토지의 경우 필지수가

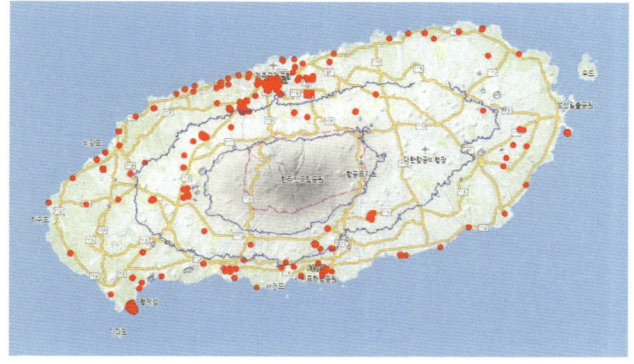

2014년 당시 중국인 소유토지 분포현황(N=4,099)
주: 푸른색은 중산간지역 표시임.

적지만 토지면적이 큰 반면, 중국인 소유의 토지 경우 일부 대규모개발지역을 제외하고 비교적 작은 규모의 필지를 대량 매입하는 경향을 보였다.

2014년 당시 중국인 소유토지의 분포현황과 문제점

토지소유 면적이 급속하게 증가하고 있는 중국인 소유의 토지분포현황을 파악하기 위하여 2004년~2014년, 10년간 중국인 토지소유 현황자료를 근거로 소유토지의 분포현황 및 연도별 특징, 면적 등을 분석[1]하였다. 이들 자료의 분석은 토지 및 건축물현황을 분석할 수 있는 GIS기반의 랜드맵 프로그램을 사용하여 분포현황 등을 분석하였다.

중국인 소유토지의 연도별 변화(N=4,099)

분석결과, 제주도 전체에 걸쳐 중국인 소유토지가 분포하고 있는 것으로 나타났으며 서귀포시보다는 제주시지역, 동쪽지역보다는 서쪽지역에 집중되어 있으며 행정적으로는 제주시 신시가지와 서귀포시 신시가지에 집중되어 있었다. 특히 해안지역에는 고르게 분포하고 있으며 중산간지역의 경우 개발규모가 대규모였다.

---

1   사용 프로그램인 랜드맵에서는 주소를 중심으로 위치 파악이 이루어지게 되어 실제 사용된 필지수는 총 4,653건 중 4,099건 만이 분포 현황 분석에 사용되어 약 560여 건 차이가 있으나 아파트 및 일부 토지의 경우 동일한 주소자료로 인해 중복되어 제외된 것이다. 그러나 토지소유의 전반적인 흐름과 특징분석에는 큰 영향은 없다.

연도별 중국인들이 어떠한 곳에 토지를 소유하였는가를 살펴보는 것도 현황파악에 있어서 중요한 사항이었는데 이는 매입장소의 변화과정을 살펴봄으로써 일정한 경향을 엿볼 수 있기 때문이다.

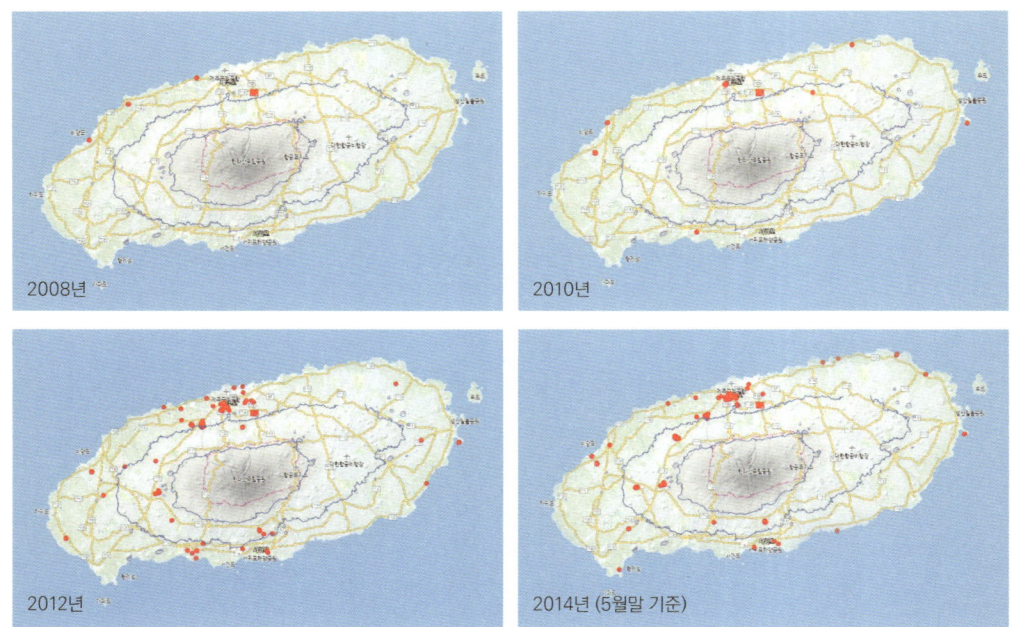

2008년 이전까지는 매입실적이 미비하고 매입토지의 위치도 해안지역에 편중되는 경향이 있었으나 2010년에는 제주도 전 지역을 확대되었고 2012년에는 제주시 신시가지와 서귀포시 중문지역, 구시가지 지역, 중산간에 집중되었는데 특히 제주시 신시가지지역에서의 토지매입이 많았다. 2014년 들어서도 제주시 신시가지 및 중산간에 집중되는 경향을 보였다. 대체적으로 제주시 신시가지와 중산간에 집중되면서 한편으로는 해안경관이 양호한 해안지역으로 확대되고 있었다. 특히 제주시 신시가지에 집중되는 배경에는 원도심에 비해 공항에 인접하여 접근성이 좋고 호텔, 각종 편

의점 등 사회 인프라가 구축되어 있다는 물리적 장점뿐만 아니라 중국인거리 조성 등으로 중국인 관광객의 인지도가 높아졌다는 점 등 때문이다.

2014년 당시 지역별 소유현황

중국인이 소유하고 있는 토지의 장소적 특징과 문제점을 파악하기 위하여 해안지역, 도심지역, 중산간 지역별 중국인 토지매입을 살펴본 결과 특정지역을 중심으로 대규모 개발 토지매입이 이루어지고 있었다.

특히 알뜨르 비행장을 비롯하여 동굴진지 등 일제강점기의 군사유적뿐만 아니라 한국전쟁의 군사유적이 많이 남아있는 지역으로 근대역사경관지역인 송악산 일대에서의 중국인 토지매입은 매우 심각한 상황이었다. 한국 근대사의 축소판이자 제주 근대사의 축소판이라 할 수 있는 매우 중요한 지역이기 때문이다. 지금도 변함없는 군사적 요충지역이기 때문에 대규모 토지매입을 심각하게 받아들일 수밖에 없는 것이다. 이러한 정치적 문제는 별개로 하더라도 과거의 경험으로 비추어 볼 때 중국자본에 의해 새로운 형태의 대규모 리조트가 들어서게 된다면 근대역사경관이 크게 훼손될 가능성이 높을 것이다. 실제로 이 일대에 중국자본에 의한 대규모 관광지 개발이 진행되고 있어 역사경관의 훼손 논란이 지속될 가능성이 크다.

2014년 당시 송악산 일대의 주요 해안지역 중국인 소유토지 현황

송악산 주변경관과 뉴오션관광단지개발 예정지(☐표시부분)

그리고 중산간 지역 역시 제주국제자유도시개발센터JDC에 의해 개발되는 대규모 사업 이외에도 중국자본에 의해 직접 개발되는 지역도 점차 늘어나고 있었다. 예를 들면 아덴힐 리조트 주변에도 많은 필지의 토지를 매입하였고 블랙스톤 골프장도 인접하여 토지가 매입되었다. 이들 지역은 중산간지역에 토지를 매입한 사례이지만 중산간만의 투자적 가치가 매우 높기 때문에 향후 증가할 가능성이 높다고 생각된다.

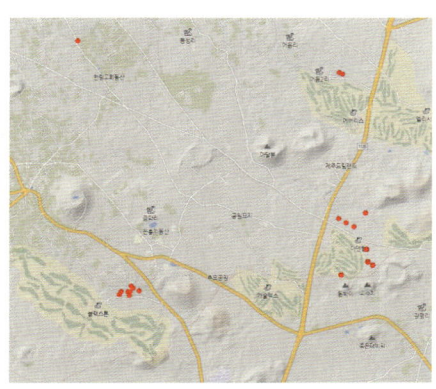

2014년 블랙스톤 및 아덴힐골프장이 위치한 중산간 지역에서의 중국인 소유토지 현황

도심지역의 경우 제주시 신시가지, 서귀포시 구시가지에 집중되는 경향이었다. 특히 제주시 신시가지 전 지역에 걸쳐 매입되고 있었으나 주요 도로에 인접한 토지를 집중적으로 매입하고 있는 것으로 파악되었다. 좀 더

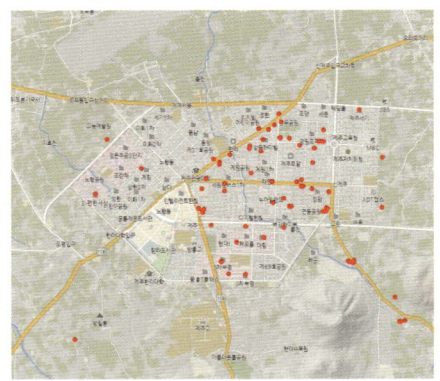

2014년 당시 제주시 신시가지에서의 중국인 소유토지 분포현황

구체적인 분석이 필요하지만 신시가지 지역에서의 토지매입은 리조트 개발을 전제로 한 중산간 및 해안지역에서의 토지매입과 달리 대부분 주거시설(단독주택, 아파트 등)용으로 토지를 매입하고 있는 것으로 생각된다. 또한 호텔, 모텔 등을 매입하는 사례도 증가하는 것으로 알려지고 있어 이에 대한 분석이 필요하다고 생각된다.

부동산투자이민제도 폐지의 필요성

2023년 종료되는 부동산 투자이민제도에 대해 여전히 찬반 논란이 적지 않은 것은 제도를 받아들이는 우리 사회와 행정기관 사이의 수용인식 간극이 크기 때문이다. 토론회에서의 찬반의견 대립도 그 맥을 같이 하는 것이다. 정책의 일관성 유지와 기존 구축된 인프라와 연계의 필요성을 강조하며 제도의 연장을 주장하는 측의 논리도 일견 수긍할 부분이 있지만 제도의 시행목적과 지향점, 성과를 보다 객관적으로 평가, 검토할 필요가 있다.

사실 2010년 2월 처음으로 제주도에서 시행된 부동산 투자이민제도는 투자유치가 부진하자 이를 촉진하기 위해 도입된 일종의 유도정책으로 추진된 한시적 사업이기 때문에 제도운영기간도 일몰제로 추진되었다. 그렇기 때문에 정책의 일관성 유지와는 다소 논리적으로 맞지 않는 부분이 있다고 생각된다. 또한 부동산 투자이민제도에 의해 개발된 대부분의 사업들이 불특정 다수의 사람들이 공유할 수 있는 공공성이 있는 관광지가 아니라 개별휴양 주거지로 개발된 지역이 적지 않아 기존 구축된 인프라와 적극적인 연계 활용의 논리도 설득력이 떨어진다.

부동산 투자이민제도 시행 11년간 사업성과에 대하여 경제적 파급효과와 사회적 파급효과 측면에서 평가가 있어야 하며 다음의 핵심적인 사항이 다루어져야 할 부분이라 생각된다.

첫째, 경제적 파급효과이다. 일부에서는 1조 2천억의 투자가 이루어졌다는 성과를 강조하지만 이는 부동산매입과 건설 등의 비용이 대부분을 차지하고 있다. 실질적으로 부동산관련 중국기업들이 대규모의 부지를 매입하여 부동산 투자이민제도를 적용할 수 있는 시설을 건설, 판매하는 구조에서는 수익의 대부분은 개발업체의 몫일뿐이다. 특히 투자가 집중되어 제주도가 호황기였을 때 건설업이 호황을 누린 것도 이를 반영하는 부분이다. 이는 특정분야에 치중되는 투자로 인해 경제적 파급효과가 큰지 의문이 드는 부분이다.

둘째, 사회적 파급효과이다. 부동산 투자이민제가 적용된 사업지의 대부

분이 중국계 부동산기업에 의해 중산간 중심으로 대규모 개발되면서 경관과 환경훼손 논란에서 자유롭지 못하고 또한 고립적인 장소와 폐쇄적인 운영 등에 대해 부정적인 인식이 높다. 현재와 같은 토지매입을 통한 개발방식에서는 행정-개발사업자-지역주민간의 연결고리가 없어 투자의 효과를 투자자와 지역주민이 공유하는 부분이 매우 적다.

이러한 개발은 장기적으로는 투자자에 대한 부정적인 영향을 줄 수 있을 뿐만 아니라 새로운 사회갈등의 요인이 될 수 있을 것이다. 투자는 경계의 대상이 아니라 우리 모두에게 이득이 될 수 있는 중요한 수단이자 방법이기 때문에 상생의 투자환경을 조성해주는 것은 행정기관이 해야 할 몫이다. 부동산 투자이민제도의 연장보다는 합리적이고 효율적인 대응 방안을 모색하는 것이 바람직할 것이다.

오라관광단지개발이
논란이 되는 이유

    자본검증 과정 등 개발과정에 제동이 걸린 오라관광단지 개발사업은 현재도 제주사회의 이슈이다. 오라관광단지 사업은 1997년 제주도종합개발계획상 오라관광단지로 확정되었으나 2015년 5월 28일 자로 개발사업 시행승인이 취소되었다가 새롭게 시작되었다는 배경과 아울러 개발형식에 있어서도 해발 350~580m 중산간에 적용되는 제주 역사상 최대규모의 개발사업이기 때문에 시민단체에서는 우려를 하고 있고 경제계와 지역주민은 찬성을 하고 있는 점에서 사회적 논란이 되고 있다. 시민단체와 경제계, 지역주민의 주장 모두 나름대로 합리적인 내용이라 생각된다. 당시 원희룡 도정 역시 청정과 공존이라는 핵심가치의 기반 위에 각종 개발사업 추진을 했기 때문에 오라관광단지 개발사업을 둘러싼 우려의 목소리를 잘 알고 있었을 것이다. 그러나 과거 원희룡 도정에서의 행정적인 절차과정을 지켜보면서 좀 더 적극적이고 논리적으로 대응을 했었다면 지금까지 논란으로 이어지지는 않았을 것이라는 아쉬움이 남는다.

    첫째, 개발사업 시행승인 취소 이후의 대응문제이다. 2015년 개발사업 시행승인 취소 이후 오랫동안 투자개발이 미흡했거나 경관 및 환경에 민감한 지역의 개발진흥지구, 관광진흥지구에 대하여 재정비를 서둘렀다면 하는 아쉬움이 남는다.

    둘째, 환경영향평가심의과정에 대한 문제도 아쉬움이 남는다. 환경영향평가심의위원회는 행정으로부터 위임받은 심의조직으로 행정처분권을 갖고 있는 위원회이다. 위원회에서 결정된 사항은 행정적 구속력을 갖는 것이

다. 그럼에도 불구하고 위원회에서 결정한 조건부동의가 재심의를 통해 권고사항으로 변경되는 것은 일반시민들이 보기에는 납득하기 어려운 점이다. 이는 위원회의 신뢰성과 공정성에 흠이 될 수 있는 문제이기도 하다.

셋째, 도로중심의 중산간 개발가이드라인이 적절했는지의 문제이다. 원희룡 전 도지사가 중산간 훼손을 막기 위해 2014년 발표한 소위 '중산간 개발가이드라인'은 평화로, 산록남로, 서성로, 남조로, 비자림로, 5.16로, 산록북로, 1100로, 산록서로 각 일부 구간을 연결하는 한라산 방면 지역이다. 개발가이드라인은 상징적인 의미는 있으나 실질적으로 중산간지역의 환경과 경관가치를 고려하여 설정된 것이 아니기 때문에 개발사업의 심의에 그대로 적용하기에 한계가 있었다. 오라관광단지는 한라산 국립공원지역에 인접해 있기 때문에 오히려 지하수, 경관, 생태에 미칠 수 있는 영향을 검토해야 할 필요가 있었다고 생각된다. 문제는 역대 도정 시절부터 지속적으로 문제 제기되었던 중산간지역의 지하수, 경관, 생태GIS등급의 상향조정작업이 도지사가 바뀌는 동안 행정에서는 왜 적극적으로 반영하지 않았는지 아쉬움이 큰 부분이다.

오라관광단지가 추진되고 있는 위치

넷째, 왜 환경총량제 도입을 서두르지 않았는지 이 문제 역시 아쉬움이 남는다. 환경총량제에 대한 논의는 이미 오래전부터 이루어져 왔고 연구결과도 수년 전에 수억 원의 비용을 들여 구축되어 있었다. 그럼에도 불구하고 이를 정책에 적극 반영하지 못했던 이유가 무엇인지 알 수가 없다. 적어도 환경총량제가 좀 더 일찍 적용되었다면 시민단체와 사업주, 지역주민 간의 갈등은 일어나지 않았을 것이다.

이러한 문제들 때문에 청정과 공존에 기반을 둔 원희룡 도정의 정책적 가치기준을 높이 평가하면서도 일부에서는 실천의지와 능력이 있는지 의문을 갖는 시민들이 적지 않았던 것이다. 여전히 논란의 불씨가 되는 오라관광단지 개발사업을 비롯하여 중단된 개발사업이 적지 않다. 좀 더 치밀하고 세련된 개발정책에 대한 재점검이 필요한 시기이다.

해저고속전철은 필요한가?

- 섬은 섬다워야 -

오래전부터 전라남도를 중심으로 제주~호남 해저고속전철 건설논의가 제기되면서 제주사회의 이슈로 남아있다.

항공편 중심의 제주교통여건을 고려할 때 증가하는 관광객을 수용하기에는 공항 인프라가 한계에 이르고 있고 특히 잦은 태풍으로 인해 항공편 이용의 제한성을 고려할 때 제주~호남 해저고속전철 건설은 안정적이고 효율적인 승객수송이 가능하다는 점에서 상당히 매력적이고 설득력이 있다.

그러나 제주~호남 해저고속전철 건설은 편의성뿐만 아니라 진정한 가치평가에 대해서 간과看過하지 말아야 할 부분이 있고 논의과정의 적절성 역시 짚고 넘어가야 할 부분이 있다.

첫째, 논의과정의 적절성이다. 해저고속전철 건설 논의과정을 보면 전라남도의 일방적인 제안에 지나지 않는다는 점이다. 개발사업이라는 것은 상대방과의 이해관계가 일치하였을 때 이루어지는 것이다. 특히 공공개발사업의 경우 이해 당사자간의 긴밀한 논의와 협력 없이 추진된다면 공공성사업보다는 정치적 사업이 될 수밖에 없을 것이다. 또한 제주사회는 공항인프라 개선을 통한 제주미래발전전략의 방향을 이미 결정한 상황에서 제주~호남 해저고속전철논의 자체는 큰 매력이 될 수 없을 것이다.

둘째, 사업에 대한 경제성이다. 분석에 따르면 제주~호남 해저고속전철 사업은 최대 20조 813억 원이 소요되고 사업기간이 총 14년 정도 소요될 것으로 예측되는 대규모 토목공사이다. 그리고 고속철도 유형에 따라 서울~제주 간 약 140분, 광주~제주 간 약 60분 정도 시간이 소요될 것으로 예상하고 있다. 호남권을 제외한 수도권 혹은 영남권 이용객 입장에서는 비용과 소요시간을 고려할 때 오히려 항공편 이용이 편리할 수도 있어 사업성이 있는지 의문스럽기만 하다. 실제로 제주~호남 해저고속철도 건설의 비용 대비 편익 비율(B/C) 분석 결과, 기획재정부의 예비타당성 지침 적용 시에는 B/C가 0.71~0.78, 국토해양부의 교통시설투자 평가지침 적용 시에는 0.55~0.78로 B/C기준치 1.0에 미치지 못한 것으로 나타나 경제성이 미흡한 것으로 분석되었다고 한다. 따라서 해저고속전철사업보다는 공항 인프라를 조속히 구축하는 것이 경제적이고 효율적이라는 점이 설득력을 갖는 것도 이와 같은 이유 때문이다.

셋째, 제주의 장소적 가치에 대한 평가이다. 제주도는 유네스코에 의해 세계생물권 보전지역, 세계지질공원, 세계자연유산 등재지역으로 평가받은 자연환경과 경관의 가치가 큰 도서島嶼라는 점이다. 사실 고속전철의 기본목적은 이동시간단축을 통해 생활의 편리성과 경제성을 추구하기 위한 것이다. 만일 제주~호남 해저고속전철이 건설된다면 안정적인 교통수단을 통해 더욱 많은 관광객이 제주를 방문하겠지만 1박 2일 혹은 1일 관광형태로 변화될 가능성이 크며 이는 궁극적으로 관광객 증가로 인한 환경부담이 증가하는 것이 비해 상대적으로 제주의 경제에 오히려 부정적인 영향으로 이어질 가능성이 클 수밖에 없을 것이다. 오히려 반사이익은 호남권이 클 수밖에 없으며 이와 같은 이유 때문에 지속적으로 호남권에서 해저고속전철 건설을 주장하는 것이기도 하다.

섬은 섬다워야 한다. 제주도는 대한민국을 대표하는 섬이자 생태계의 보고寶庫이다. 그러나 막대한 비용을 들여 건설한 해저고속전철이 육지와 이어지는 순간 제주도濟州島는 더 이상 섬으로서의 의미와 가치가 상실되어 버릴 것이다. 이것이 더 큰 경제적 가치 상실이 아니겠는가! 편의성과 경제성 추구에만 가치관을 두고 있는 사이, 시대와 사회가 요구하는 진정한 장소의 가치, 삶의 가치가 상실되지 않는지 좀 더 진지하게 고민해야 할 부분이다.

예래휴양형 주거단지
판결이 남긴 교훈

　오랫동안 소송을 끌어왔던 예래휴양형 주거단지 소송이 2015년 대법원 판결로 토지수용 효력이 상실되었다. 그리고 예래휴양형 주거단지 내 토지주 8명이 제주도와 제주국제자유도시개발센터JDC를 상대로 제기한 도시계획시설사업 시행자 지정 및 실시계획인가 처분 취소 소송에서 대법원은 원고 승소판결을 2019년 1월 말에 확정하였다. 예래휴양형 주거단지 개발사업은 제주발전의 선도적인 역할을 한다며 추진한 7대 선도프로젝트의 핵심사업 중의 하나이자 외자 유치사업 1호여서 제주사회에 미치는 파장이 크다. 사실 토지주들이 요구하는 사항은 단순히 토지보상의 문제를 주장하는 부분은 아니었다. 예래지역에 걸맞지 않은 개발사업이라는 점과 토지수용의 목적성에 맞지 않다는 점, 이 두 가지 사항이 가장 핵심적인 사항이었다. 예래동 지역은 반딧불이 있는 마을, 해안지형과 생태계, 그리고 경관의 가치가 높은 마을로 알려져 있다. 이곳에 카지노와 고층 호텔 중심의 개발이 진행되는 것에 대한 우려와 반발은 어쩌면 당연한 것이다.

　대법원의 판결문에도 언급되었듯이 도시기반시설로서의 유원지개발에 맞지 않는 개발이기 때문에 허가도 무효라는 판결이니 행정절차에도 하자가 있는 셈이다. 그렇기 때문에 제주국제자유도시개발센터JDC만의 문제가 아니라 제주도도 책임문제에 있어서 자유롭지 못한 부분이 있다.
　그럼에도 불구하고 중요한 점은 오랫동안 진행되어 온 재판이지만 궁극적으로 승자는 없다는 점이다. 제주도청, 제주국제자유도시개발센터JDC에게는 막대한 보상금액의 부담뿐만 아니라 공공기관의 신뢰감 상실이라는 큰 상처를 안게 되었고, 토지주 역시 지상권문제 해결 등 재산권 행사에 상당한 시일이 소요될 가능성도 크기 때문이다.

예래휴양형 주거단지의 개발 이전 주변경관(위)과 개발 중단된 현재 모습(아래)

최근 모두가 각자 조금씩 뒤로 물러나 원래 개발의 취지와 목적으로 돌아가 새롭게 상생하는 방안을 모색하며 합의에 이르렀다는 소식이 전해져 다행스러운 일이다. 객관적이고 중립적인 성향의 협의체 혹은 위원회를 구성하여 허심탄회하게 상호 이익을 위해 노력하려는 공동의 목표를 갖고 지속적으로 협의해 간다면 모두가 만족할 수 있는 해결책을 찾을 수 있을 것이다.

예래휴양형 주거단지에 대한 대법원 판결은 개발중심의 투자와 성장에 대한 큰 울림의 메시지를 남겼다.

첫째, 대규모 고밀도 개발에서 소규모 중밀도 개발로 전환되어야 한다는 점.
둘째, 상업자본 중심의 개발에서 도민 중심의 개발로 전환되어야 한다는 점.
셋째, 특정기업 이익 중심에서 공공성과 이익의 사회적 환원으로 전환되어야 한다는 점.

제주 속 외국건축가의
건축작품과 의미

　1960년대 관광산업과 감귤산업을 기반으로 하는 개발방식이 제주사회의 산업구조와 삶의 방식, 가치관을 크게 변화시킨 제1의 물결이었다면 특별자치도와 국제자유도시의 구상은 어떠한 형태로든 제주사회를 크게 변화시키고 있는 제2의 물결이다. 물론 이러한 변화는 제1의 물결에 의한 제주사회의 변화과정에서 알 수 있듯이 긍정적인 측면과 부정적인 측면이 뒤따를 수밖에 없다.
　특히 물류와 사람의 자유로운 이동과 왕래를 기반으로 하는 국제자유도시의 추진은 관광지로서의 기능과 연계되어 적지 않은 변화조짐이 있는 것이 현실이다. 바로 상업자본의 유입이다. 이들 상업자본의 유입은 제1의 물결과는 달리 자본의 거대화, 글로벌화가 큰 특징이다. 상업자본의 특성은 상품화하여 이익을 극대화하기 위한 마련인 법, 제주의 풍경과 건축을 상품화하려는 점도 제1의 물결에서의 개발양식과는 구별되는 점이다.

　푸른 바다 위에 두둥실 떠 있는 외로운 섬, 탐라국耽羅國의 역사를 가진 제주는 최근 몇 년 전부터 많은 변화가 시도되고 있다. 맑고 깨끗함, 그리고 아름다운 풍경을 가진 제주의 매력을 결합한 외국건축가의 작업이 두드러지고 있다.
　이들 외국건축가들이 구축한 건축작품을 통해 제주의 땅을 어떠한 태도와 가치관으로 인식하였는지, 그들의 건축작품이 제주의 건축계와 건축활동에 어떠한 영향을 주었는지 흥미 있는 주제가 아닐 수 없다. 왜냐하면 이방인으로서 바라본 제주의 모습과 수용 과정, 결과물로서의 건축작품을 통해 우리들이 간과하거나 평가하지 못한 것들을 새롭게 인식할 수 있는 좋은 계기가 될 수 있기 때문이다.

외국건축가들이 제주에 남긴 건축작품

제주사람들에게는 「삶의 터인 제주」, 「관광지로서의 제주」라는 양면성을 가진 제주에서 외국건축가의 건축작품은 「삶의 터에 대한 주제」보다는 「관광지로서의 제주」에 담는 건축에 많은 비중을 갖고 있다. 즉 제주의 땅이 만들어내는 아름다운 풍경과 건축을 상품화한 상업적 건축작품들이 대부분이며 가장 큰 특징 중의 하나가 「쉼」을 위한 공간, 건축이 구축되고 있다는 점이다. 스위스 건축가 마리오 보타Mario Botta의 「아고라」, 일본 건축가 안도타다오安藤忠雄의 「유민미술관」, 재일 건축가 이타미 준伊丹潤이 설계한 바람, 물, 돌을 테마로 한 미술관과 방주교회, 리카르도 레고레타Ricardo Legorreta가 설계한 부영호텔과 카사 델 아구아, 포르투갈 건축가 알바로 시자Alvaro Siza가 설계한 개인별장, 일본 건축가 쿠마켄고隈 硏吾와 프랑스 건축가 도미니크 페로Dominique Perrault가 설계한 「롯데리조트 제주」의 숙박시설, 그들의 손을 거쳐 제주의 땅위에 구축된 작품들은 제주의 풍경과 어우러져 새로운 문화풍경을 만들어 가고 있는 것이다. 이들 구축물들은 일부 상업적 기능을 갖고 있기는 하지만 제주를 찾는 사람들에게는 새로운 「쉼」의 공간이기도 하다. 이들에 의한 구축되는 「쉼」의 공간, 건축물은 각기 다른 건축철학을 가진 세계적인 건축가인 만큼이나 땅에 대한 해석과 배치, 건축물의 형태와 공간이 흥미로울 수밖에 없다. 알바로 시저가 설계한 개인 주택을 제외하고 외국건축가들의 작품을 정리해 본다.

스위스 건축가 마리오 보타Mario Botta가 설계한 일명 유리 피라미드로 불리는 「아고라」

콘도회원을 위한 클럽하우스인 아고라Agora(자세한 내용은 124쪽 내용참조)의 원래 의미는 둘러싸인 넓은 광장을 갖는 그리스의 대표적인 시민토론공간을 의미한다. 마리오 보타의 아고라는 콘도 회원을 위한 클럽하우스이다. 클럽하우스의 실내 공간이 ㄷ자형식으로 둘러싸고 중앙에 넓은 단순한 중정으로 구성되어 있으며 상부는 유리 피라미드가 놓인 단순한 형태이다. 가장 시선을 끄는 점은 수평적으로는 근접한 바다의 근풍경과 오름의 원풍경을 끌어들이고 수직적으로는 하늘의 풍경을 끌어들여 결절의 공간으로서의 중정부분이다.

아고라 전경

바다를 향해 펼쳐진 글라스 하우스의 배치와 지형을 이용한 야외 정원

안도 타다오安藤忠雄의 「유민미술관」, 「글라스 하우스」

독학으로 건축지식을 습득하여 건축계의 거장반열에 오른 안도 타다오는 콘크리트의 물성을 잘 파악하여 자신만의 독특한 노출콘크리트건축을 구축해 온 건축가이다. 콘크리트의 물성을 이용한 원형과 사각형의 단순한 기하학적 형태를 구축하고 여기에 건축적 장치를 절묘하게 삽입하고 빛, 바람, 물의 생명의 근원적인 요소를 끌어들여 안도 타다오스러운 매력적인 공간을 구축하고 있는 것이 안도타다오건축의 특징이라 생각된다.

안도 타다오가 제주에 남긴 대표작 중 하나인 「유민미술관」은 지중地中에

감추어진 미술관으로 지상의 외부공간은 성산일출봉을 원풍경으로 끌어드리면서 돌과 바람, 야생화로 조성된 일종의 랜드스케이프 건축이다. 내부공간은 진입로를 따라 폐쇄적인 공간이 만들어내는 고요함, 적막함을 통해 명상의 공간에 이르도록 되어 있다.

반면 「글라스 하우스」는 섭지코지 해안 자락에 자리 잡은 레스토랑이다. 해안을 향해 개방적으로 배치되어 있고 해안경관을 의식한 듯 필로티로 처리하여 지면과 해안이 맞닿는 경계선을 유지하려는 고민의 흔적이 보이지만, 지형상 배치로 인해 성산일출봉과 해안경관을 훼손했다는 비판을 받고 있기도 하다. 해안으로 흐르는 만만한 경사지면에 조성된 정원도 즐거운 시각적 유희의 공간이다.

이타미 준伊丹潤이 설계한 「포도호텔」, 골프장 클럽하우스, 바람·물·돌을 테마로 한 미술관과 「방주교회」

이타미 준만큼 제주에 많은 작품을 남긴 외국건축가는 없다. 그는 재일한국인으로서 외향적으로는 일본적인 건축성향을 가지면서도 내면적으로는 한국적인 성향을 보이는 건축가로 평가된다. 건축적 완숙기의 나이에 접어들어 제주에 남긴 대표적인 작품이 「포도호텔」이다. 26실 규모의 작은 호텔인 「포

포도송이을 엮은 듯한 포도호텔의 지붕과 주변환경

도호텔」의 핵심적인 개념은 주변의 풍경을 결정하고 있는 오름에 두고 있다. 호텔의 지붕선이 오름의 능선과 자연스럽게 겹쳐지는 형상을 하고 있다. 마치 지붕의 모습이 포도송이와 같은 형상이어서 포도호텔이라는 이름이 붙여졌는 지도 모른다.

또한 바람, 물, 돌을 테마로 한 미술관은 비오토피아 주거단지 거주자를 위한 오브제 같은 작은 미술관이다. 제주의 대표적인 자연요소인 바람, 물, 돌을 주제로 건축적으로 해석하여 오브제화 하여 현대적인 재료로 자연의 대지위에 앉혀놓았다. 이것이 가장 큰 특징이자 매력적인 부분일 것이다.

그리고 「방주교회」는 성경에 나오는 노아의 방주처럼 물 위에 떠있는 방주처럼 건축 그 자체를 종교적 의미로 표현한 것이 특징이다. 종교건축에서 지붕은 하늘에 접한 부분으로 중요한 의미를 갖듯이 방주교회 지붕 위에 도출된 작은 탑은 종탑을 형상화하여 종교적 이미지를 강하게 표현하고 있다. 그리고 외부와 내부의 사용에 있어서도 목재와 강판을 대조적으로 사용함으로써 종교적 건축의 이미지를 강하게 표현하고 있다.

그의 작품은 제주의 자연적 요소를 형상화하여 오브제화하고 동화시키려는 건축적 수법이라 생각되며 제주건축의 지역성, 향토성 표현에서 좀 더 자유로워질 수 있음을 보여주는 것이라 평가된다.

방주교회 전경

리카르도 레고레타 Ricardo Legorreta 의 「카사 델 아구아」

「카사 델 아구아」는 스페인어로 「물의 집」이라는 의미이다. 전시와 모델 하우스 기능으로 건축되어 활용되었으나, 사용연장 신청서류의 미비로 불법건축이 되어버려 철거하게 되었다. 철거 과정에서 제주사회를 비롯하여 한국 건축계의 논란이 되었던 건축물이기도 하다. 멕시코의 눈부신 태양만큼이나 제주의 하늘과 땅을 강렬히 내리쬐는 태양의 빛은 때로는 색Color의 오묘한 질감을 느끼게 하면서도 때로는 엷은 파스텔 톤으로 변화시키기도 한다. 그리고 정제된 물Wall은 색Color-빛Light의 강렬함을 순화시키듯 조용하면서도 절제되어 내부와 외부의 공간을 이어주는 매개역할이 되기도 하고 물 위에 반사되는 빛Light을 부드럽게 그리고 넓게 내부와 외부의 공간을 향해 확산시키는 매개가 되기도 한다. 그의 작품은 색과 빛의 조화를 통해 공간적 감흥을 자극하는 건축가로 평가받았다. 그의 작품은 독특한 방식으로 지역성을 표현하였다는 점에서 형태에 집착해 온 제주건축의 지역성, 향토성에 대한 새로운 방향성을 보여주었다는 점에서 평가할 수 있을 것이다.

철거 이전의 카사 델 아구아 전경과 2층 복도 및 출입구 상부 모습

쿠마켄고隈 研吾와 도미니크 페로Dominique Perrault의 「롯데리조트 제주」

국내건축가 승요상과 협업으로 설계작업이 이루어진 「롯데리조트 제주」 내 숙박시설은 국내 많은 관심을 가진 만큼이나 건축적으로는 만족스럽지 못한 면이 많은 것 같다. 도미니크 페로가 설계한 숙박시설은 그의 작품성향과 맞게 기하학적 공간 속에 숙박기능을 적절히 안배하면서도 경사지의 이점을 살려 풍경을 의식한 측면을 엿볼 수 있다. 그러나 재료와 배치, 형태

도미니크 페로가 설계한 숙박시설 전경

쿠마켄고가 설계한 숙박시설 전경

에서는 제주의 땅이 갖는 그 무엇을 찾으려는 고심의 흔적을 엿보기에는 어려움이 있는 것도 사실이다. 반면 쿠마켄고의 숙박시설은 완만한 곡선의 지붕과 외부마감재료의 과감한 사용으로 특정재료에 구애받지 않는 쿠마켄고의 지역건축에 대한 생각을 엿볼 수 있는 부분이다. 그의 저서『자연스러운 건축』(안그라픽스, 2001년)에서 언급하고 있듯이 재료의 선택과 사용에서의 자유로움을 통해 쿠마켄고만의 건축표현과 지역적 특성을 조화롭게 반영하는 것이 아닌가 생각된다.

대부분의 작품들이 상업적 목적으로 건축된 작품들이어서 건축작업에 한계가 있었을 것이고 또한 이국異國의 땅을 이해하기에 제약점이 많았을 것이기 때문에 건축의 완성도 측면에서 볼 때 호평받지 않은 부분도 있다. 그럼에도 불구하고 외국건축가들이 제주에 남긴 건축작품의 의미를 다음과 같이 정리할 수 있을 것이다.

첫째, 아름다운 풍경을 만드는 땅에 대한 이해
둘째, 재료사용에 대한 다양성
셋째, 내부공간을 통한 차경借景수법과 조직화
넷째, 건축의 상품화 가능성

이들이 남긴 건축작품은 지역사회에 직접적 혹은 간접적으로 영향과 변화를 가져다주었을 것이다. 특히 건축의 상품화를 통해 새로운 비즈니스 모델로의 가능성을 보여주었다는 점도 나름대로 평가할 수 있다.

이들 건축작품을 통해 우리는 무엇을 해야 하는지, 지역건축의 새로운 방향 모색을 위해 다양한 가치관을 갖고 고민해야 할 때임은 틀림없는 사실이다.

제주도는 「특별자치도」이다. 도시와 건축적으로 특별한 노력을 하고 있는가? 이러한 질문에 대한 답은 2008년 노벨문학상 작가 장마리 귀스타브 르 클레지오Jean-Marie Gustave Le Clezio가 일반 대중잡지인 프랑스판 지오GEO 2009년 3월 30주년 기념호에 실은 「제주의 매력에 빠진 르 클레지오」라는 제목으로 소개된 제주 찬가, 미국 오하이오주 툴레도대학 교수 데이비드 네메스David J. Nemeth의 논문집인 『제주 땅에 새겨진 신유가사상의 자취』(제주시 우당도서관, 2012년), 이 두 편의 글에 있다. 이 두 편의 글은 기본적으로 제주의 땅이 만들어내는 감성적이고 환상적인 제주의 풍경, 그리고 역사적 삶의 고통과 강한 욕구가 혼재되어 사람들의 의식마저 동화同化될 수밖에 없는 제주의 특별함을 잘 표현하고 있기 때문이다.

전환기의 제주개발

- 자기성찰과 미래가치를 위한 패러다임 전환 -

　제주의 독특한 문화경관을 만들어내는 것은 지질학적 특성과 땅의 형상에서 기인되는 것이다. 도서島嶼라는 지리학적 조건상 바다로 둘러싸여 있고 타원형의 공간구조와 한라산을 정점으로 바다로 완만하게 이어지는 경사지형의 조건, 오름과 건천, 중산간 등은 중요한 문화경관의 요소라 할 수 있다.
　그러나 우리 제주사회의 개발현실을 들여다보면 지역활성화 명목 아래 유네스코의 세계생물권 보전지역, 세계지질공원, 세계자연유산 등재지역으로서 환경보전의 의지와 노력과는 모순된 개발사업을 추진해 오고 있다.

　원희룡 도정 당시 추진되었던 제주미래비전 용역은 근본적으로 제주개발에 대한 인식을 전환하려는 새로운 가치와 인식에서 출발되었다고 생각한다. 보고서에서 제시된 제주의 핵심가치를 「보전」과 「청정」으로 설정하였다. 지극히 공감하는 가치였다.
　사견이지만, 「보전」과 「청정」을 위한 실천적이고 구체적인 접근방안을 제시한다면, 자전거, 공공도서관, 한라산, 곶자왈, 돌, 저층건축물, 올레길(옛 골목길)이다.

　이들 항목에 대하여 부언附言하자면 먼저, 가장 친환경 교통수단으로 평가받는 자전거는 많은 예산투입에도 불구하고 정착되지 못하였다. 그러나 육지부에 비해 지형의 굴곡이 많은 제주지형의 특성을 고려해서 1~2km 범위를 사용권역으로 조정하여 자전거 중심의 소생활권역으로 정비한다면 사업의 효율성과 최소한의 환경수도 기반은 구축할 수 있을 것이다. 프랑스 파리의 15분도시도 보행중심의 자전거 활성화와 연계되어 있다. 오영훈 도정의 15분도시도 고려할 필요가 있을 것이다.

둘째 항목인 공공도서관도 중요한 사항이다. 소규모 지역도서관은 초등학생에서 성인에 이르기까지 다양한 계층의 통합과 문화기반조성뿐만 아니라 자원절약으로 이어지는 전략도 가능할 것이다.

셋째 항목인 한라산은 더욱 중요한 의미를 갖는다. 후지산이 일본의 자존심으로 받아들여지듯이 한라산은 제주의 자존심이자 대한민국의 자존심이다. 그렇기 때문에 한라산은 정복의 대상이자 관광의 대상이기보다는 존중의 대상이며 제주의 생명력을 갖게 하는 생태 보고이기 때문이다.

넷째 항목인 곶자왈도 그러하다. 다섯째 항목은 돌문화이다. 제주사람들의 다양하고 지혜로운 삶의 흔적들이 바로 올레담, 밭담 등의 돌문화이며 아름다운 제주의 땅 위에 수놓은 인간 활동의 흔적이자 독특하며 오묘하고 깊은 의미를 내포하고 있는 제주만의 독특한 풍경을 연출하기 때문에 중요한 것이다. 여섯째 항목인 올레길도 그러하다. 관광지로서의 제주이미지를 새롭게 변화시킨 올레길이 평가되고 있듯이 도시와 마을에 남겨진 옛 골목길도 향후 제주를 새롭게 변화시킬 중요한 자원이 될 것이다. 마지막으로 저층건축물이다. 제주의 전통건축은 육지의 그것에 비해 크지 않다. 궁극적으로 저층건축물은 원풍경이 되는 한라산과 오름과의 관계 등 궁극적으로 자연환경을 존중하면서 쾌적한 생활환경을 조성할 수 있는 수단이자 제주다움을 유지할 수 있는 수단 중의 하나이다.

제주개발에 대한 전환이 필요한 시기이다.

다시 생각해보는 제주특별자치도 설치 및 국제자유도시 조성을 위한 특별법

「제주특별자치도 설치 및 국제자유도시 조성을 위한 특별법」(이하 제주특별법)은 행정 행위에 있어서 가장 상위 법률이다. 제주특별법에 대해서는 투자자본의 증가와 개발 중심의 경제 활성화, 인구증가와 같은 긍정적인 부분도 있지만, 삶의 질적 측면에서는 크게 개선되지 못하고 있다는 비판적 시각도 존재한다. 또한 양적 성과가 있지만 그 성과가 제대로 제주도민의 삶을 개선하는 방향과 직결되지 못하고 있다는 점도 개선해야 할 부분이기도 하다.

제주특별법이 여러 차례 제도개선의 과정을 거쳤지만, 장기적인 관점에서 제주도의 발전과 도민의 삶을 개선하기 위해 근본적인 문제에서 향후 개선방향을 논할 필요가 있다.

첫째, 제주특별법이 지향하고 있는 가치와 목적이 제주도와 도민의 삶의 질 향상보다는 국가우선에 비중을 두고 있다는 점이다. 제주특별법 목적을 다루고 있는 제1조의 내용이 그러하다. 제1조의 내용은

> 「이 법은 종전의 제주도의 지역적·역사적·인문적 특성을 살리고 자율과 책임, 창의성과 다양성을 바탕으로 고도의 자치권이 보장되는 제주특별자치도를 설치하여 실질적인 지방분권을 보장하고, 행정규제의 폭넓은 완화 및 국제적 기준의 적용 등을 통하여 국제자유도시를 조성함으로써 도민의 복리 증진과 국가발전에 이바지함을 목적으로 한다」

로 규정하고 있다. 기본적으로 제주특별법은 도민의 복리 증진에 국한되어 있고, 궁극적으로는 국가발전에 비중을 두고 있기 때문에 각종 행정규제의

완화와 지방분권 보장은 국가의 발전을 위해 이루어지는 것이며 그 결과 역시 국가중심에 두고 있다는 점이다. 따라서 근본적으로 제주특별법 제1조의 목적을 제주도와 도민의 행복한 삶의 질 개선을 위한 것에 초점을 두는 방향으로 개선되어야 할 필요가 있다고 생각된다.

둘째, 개발행위와 관련하여 환경, 국토 이용계획 등에 대한 권한을 특례를 적용받아 개발허가는 하고 있으나 관리는 제대로 이루어지지 못함으로써 난개발을 확산시키고 있다는 점이다. 예를 들면, 제주특별법 제3편 국제자유도시의 개발 및 기반조성 제1장 국제자유도시의 개발에 관한 계획의 제140조, 제141조, 제142조, 제143조,제144조 등은 국제자유도시 조성을 위한 것에 초점을 둔 것이며 도민의 생활기반 구축과는 관련이 크지 않다는 점이다. 또한 제7장 토지의 이용 및 교통 항만 등의 개선의 제406조(국토의 계획 및 이용에 관한 특례), 제408조(건축에 관한 특례), 제415조(도시개발에 관한 특례), 그리고 제5장 환경보전의 제364조(환경영향평가 협의 등에 관한 특례) 등도 도조례로 지정하여 개발의 용이성에 초점을 두고 있으나 그에 따른 개발의 부작용을 통제하는 장치가 부재하다는 점도 큰 문제라 할 수 있다.

향후 개정 논의 과정에서는 제주특별법에서 제주도의 특수성과 보편성이 반영된 효율적인 개발과 관리와 운영, 개발이익의 도민 공유라는 큰 틀 속에서 추가적인 개정논의가 있어야 할 것이다.

제3차 국제자유도시 종합계획과
2040년 도시기본계획의 논란을 보며

제주특별법에 근거하여 2022년~2031년 간 추진되는 제3차 제주국제자유도시종합계획이 발표되면서 논란이 된 바 있다. 제주국제자유도시종합계획에는 제2공항연계 스마트 혁신도시조성, 청정 제주트램구축사업, 제주형 혁신물류단지 조성사업을 비롯하여 국제교육도시조성, 제주화산과학관 및 곶자왈 생태조성사업, 국가산업단지 조성사업, 국제복합문화예술공간 조성사업 등을 담고 있다. 개발중심의 묵직하고 야심찬 사업들임에는 틀림없으나 종합계획에 대하여 주변에서는 비판의 소리가 많았던 점은 이러한 개발사업이 제주도민의 삶의 질과 직접적인 연관성을 찾기 어렵다는 점 때문이다. 제3차 제주국제자유도시종합계획의 문제점은 근본적으로 제주특별법의 지향점과 도시의 지향점에서 가치와 의미를 찾을 수 없었다.

먼저 제주특별법 제1조의 내용을 들여다볼 필요가 있다. 제1조의 내용을 보면

> 「이 법은 …(중략)… 국제적 기준의 적용 및 환경자원의 관리 등을 통하여 경제와 환경이 조화를 이루는 환경친화적인 국제자유도시를 조성함으로써 도민의 복리증진과 국가발전에 이바지함을 목적으로 한다」

로 규정하고 있다. 궁극적으로 제주특별법은 국가발전에 비중을 두고 있기 때문에 각종 행정규제의 완화와 지방분권 보장은 국가의 발전을 위해 이루어지는 것이며 그 결과 역시 국가중심에 두어야 한다는 점이다. 국가산업단지조성사업, 제2공항연계 스마트 혁신도시조성 등도 이런 맥락에서 이해되는 부분이다. 그러나 제주의 가치에 중심을 두지 못하고 있다는 한계성

이 있는 것이다. 더욱이 도민의 복리증진 측면에 있어서도 제3차 제주국제
자유도시 종합계획의 핵심내용들이 도민의 복리福利증진과 직결되는 부분이
많지 않다는 점 때문에 비판이 크다고 생각된다.

또 다른 문제는 도시의 지향점 문제이다. 도시종합계획이기 때문에 도시
의 지향점을 명확히 하는 것도 매우 중요하다. 더욱이 국제자유화를 위한
도시이기 때문에 더욱 세련된 접근이 필요하다. 이때 중요한 가치는 국제자
유화가 아니라 도시의 근본적인 문제해결에 충실한 계획, 사람중심의 계획
에 치중되어야 한다는 점이다. 그렇기 때문에 현재 제주의 도시가 직면한
많은 문제가 무엇인지, 미래의 제주도시는 어떻게 가야 하는가라는 근본적
인 물음에서 모색하려는 접근이 필요한 것이다. 도시는 개개인의 삶이 축척
되어 조직된 하나의 공동체이다. 그렇기 때문에 근본적으로 도시의 문제는
개별성과 공공성의 불균형에서 발생하며 개별성과 공공성의 조화, 균형을
어떻게 실현하는가가 중요하다. 이러한 기본적인 도시문제의 해결 바탕 위
에 국제자유화를 위한 가치실현의 방법을 구축해 가야 하는 계획이 제주국
제자유도시계획이다. 제3차 제주국제자유도시종합계획에 제주의 정체성과
사람이 보이지 않는다는 지적이 많았던 것도 개인과 도민의 삶의 질과 직결
되는 핵심사업을 찾을 수 없을 뿐만 아니라 계획의 이념과 사업추진의 가치
를 읽어 들일 수 없었기 때문이다.

오영훈 도정에서 제시된 2040년 도시기본계획도 큰 틀에서 볼 때 종합계
획의 문제와 크게 다르지 않다. 5개 생활권과 15분도시에 초점을 두고 있지
만, 5대 권역 생활권 설정에서부터 핵심적인 추진내용이 모호한 부분이 많을
뿐만 아니라, 15분도시에 매몰되어 있는 듯하다. 제주도민의 삶의 질을 높일
수 있도록 지역중심에 초점을 두고, 지역의 생활이 보장될 수 있는 방안으로
수정되어야 할 부분이다.

02

제2장 도시건축의 쇠퇴와 재생

최근 건축에 주목하는 것은 압축성장과정 이후 급속하게 변화되어 버린
우리 삶의 환경과 도시, 건축에 대한 반성에 기인하고 있다. 도시화 근대화의 물결 속에 추진되었던
이른바 근대도시계획은 자동차의 기능에 가치를 부여하였고 경제성장의 논리 아래
주택과 기반시설을 지속적으로 구축하여 왔다.
자연환경에 대한 존중과 배려, 그리고 인간중심의 생활공간구축과 실현, 역사적 문화적 가치 창출을 위한
기반시설 및 공공건축의 정비가 적절하고도 충분히 반영되지 못하였던 것이다.
건축은 생활환경을 구축하는 데 있어서 중요한 의미를 갖는 구축물이자 오랜 시간에 걸쳐 축척해 온
결과물이다.
이런 점 때문에 건축은 비바람을 피하는 단순한 물리적 구축물의 기능을 벗어나
국가와 지역의 시대성과 역사성, 그리고 문화성을 반영하는 상징적인 구축물이자 자산으로서의
기능이 강해서 건축문화라고 부른다.

건축문화는 눈에 보이는 실체 없이는 지속될 수 없다.

활력있는 도시를 위한 주민참여

　도시계획구역 내 거주 인구의 비율을 도시화율이라 한다. 우리나라는 2021년에 이미 91.8%였다. 대부분의 인구가 도시에 살고 있다는 의미이다. 제주의 경우 1960년 39.1%에서 2018년 90.7%로 비교적 높은 도시화율이다. 자연환경, 교통여건 등을 고려할 때 제주도의 도시화율이 높은 것에 대해서는 도시와 농촌의 생활환경문제에 대하여 장기적으로 고민해야 할 문제라 생각된다. 또한 제주의 도시 역시 삶의 질을 높일 수 있는 정주환경이 적절히 정비되어 가고 있는지 세밀한 현황분석과 적절한 대응책이 필요한 시기이다.

　뉴어바니즘New Urbanism의 「휴먼 신도시」가 주목을 받고 있는 것도 이와 같은 배경에 있는 것이다. 「휴먼 신도시」의 조건은 지극히 인간중심의 도시를 추구하고자 하는 도시계획의 실천방안이라고 할 수 있다. 그 해답의 하나가 바로 주민참여라 할 수 있다. 주민참여는 도시운영의 주체로서 민주적인 절차와 합리적인 논의과정을 거쳐 도시계획에 반영되는 수단이며 특정 전문가와 전문기관에 의해 구상되고 제안되어 왔던 기존의 도시공간계획의 접근방법과는 다른 민주적이고 실질적인 도시계획수립의 수단으로 정착되어 가고 있다. 사실 주민참여가 새로운 개념으로 등장한 것은 아니라 생각된다. 건축법 제77조의4사항의 건축협정, 경관법 제4장의 경관협정이 명시되어 있듯이 다양한 주민참여가 제도적으로 마련되어 있는 것이다. 행정에서 이들 제도를 효율적으로 운영하지 못하고 있는 것이다.

　기본적으로 협정은 해당지역의 주민들이 스스로 계획을 세워 행정당국과의 논의를 거쳐 법적 범위 내에서 도시와 건축, 경관사업 등을 추진하는 것을 의미하는 것이다. 일본의 대표적인 주민참여 사업이 HOPE계획이다. HOPE계획은 1983년 시작된 건설성(현재 국토교통성)의 보조사업으로서 지역에 근거를 둔 주택의 건설과 보존, 가로, 공원 등의 시설정비, 경관정비 등 구체적인 내용을 지역주민의 요청에 기초하여 각 지방자치단체가 책정하는 것이 특징이다. 주민참여의 지역계획 수단으로 HOPE계획은 많은 시행착오를 거쳐 주거환경개선에 큰 역할은 해오고 있는 것으로 평가되고 있다.

이와 유사한 제도를 제주특별자치도의 경우 주민참여예산형식으로 운영하고 있기도 하다. 그러나 현실은 주민들이 모여 지역현안을 심도 있게 논의하고 계획을 세워 제출한 제안서에 대하여 예산을 배정한 것이 아니라 일종의 배분형식으로 이루어진 것이어서 현장에서는 지역주민을 위한 사업에 예산투입이 잘 되지 않는 문제점도 있다. 상당히 좋은 제도이지만 운영하는 방식에 문제가 있는 것이다. 이를 개선하기 위해서는 일본의 HOPE계획과 같이 주민들 스스로가 지역의 문제를 파악하고 해결하기 위한 다양한 노력, 그리고 잘 정리된 실천계획을 제안하게 함으로써 실효성이 높은 사업에 대하여 주민참여예산을 배분하는 방식으로 전환될 필요성이 있다. 아울러 건축법, 경관법 등에 명시된 협정제도를 효율적으로 활용하여 도시사업에 주민참여를 유도할 수 있는 좋은 방안이라 생각된다.

주민참여 유도를 위한 협정제도의 활성화, 주민참여예산의 개선은 실질적으로 다양한 지역주민의 요구를 도시사업에 반영하기 위한 것이고 이런 변화의 노력은 넓은 의미에서 작은 거버넌스의 실천이라 할 수 있는 것이다.

그리고, 주민참여와 관련해서 무엇보다 중요한 것은 의식있는 정치인을 선출하여 주민중심의 정책을 실천하는 정책환경을 조성하는 것이며 이를 위해서는 의식 있는 정치인을 선출하는 것이다. 정치적 구호가 쏟아지는 대통령선거와 지방선거의 계절에는 언론을 중심으로 각종 어젠다를 내세워 후보 철학과 구상, 그리고 지역현안 해결의 방향에 대하여 검증작업이 이루어진다. 이러한 과정에서 자연스럽게 후보의 자질을 판단하게 되고 적임자를 선택할 판단을 갖게 되는 것이다. 민주주의 시작은 토론에서 출발하는 것이다. 유럽문명의 뿌리를 이루고 있는 그리스는 아고라Agora(자세한 내용은 124쪽 내용참조)를 중심으로 시민들의 자연스러운 정치참여가 이루어진 대의 민주주의 시초라 할 수 있다. 아고라는 고대 그리스의 시장으로서의 기능을 가지면서도 국방의 의무를 위해 모이거나 정치인들의 통치발언을 듣고 열띤 토론이 이루어졌던 정치의 공간이다. 그리스인들은 이 아고라를 매우 자랑스럽게 생각했다고 한다. 민주주의 성숙함을 보여주는 부분이다. 우리나라도 약간의 차이는 있으나 과거처럼 대규모 군중을 이끌고 정치적 토론을 하던 시절이 엊그제 같은데 이제는 언론을 통해 후보를 판단하는 사회 흐름으로 바뀌어 이전과는 완전히 다른 판이다. 정치공간의 변화도 그러하지만 전반적으로 기성세대와 달리 20대와 30대의 정치에 대한 관심도 예전과 달리 크게 높지 않은 것도 현실이다. 아마도 기성정치에 대한 실망과 자신에게 직접적인 관련성이 높이 않기 때문에 상대적으로 관심을 갖지 않게 되는 사회적 배경도 작용한 것이라 생각된다.

그러나 싫든 좋든 정치는 우리의 생활에 크게 영향을 미치게 된다. 특히 도지사와 민의를 대변하는 도의원들의 대응에 따라 제주도의 미래에 상당한 영향을 주게 된다. 충분한 논의 없이 2010년부터 도입된 부동산투자이민제, 쓰레기 요일배출제, 공공임대주택, 교통문제뿐만 아니라 일자리 창출에 이르기까지 너무 많은 부분에 있어서 우리의 삶과 제주도의 미래에 영향을 주고 있음을 현실사회에서 직면하고 있는 것이다.

자신의 미래, 자신의 삶의 가치를 높이기 위해서는 청년들이 더 많은 정치에 관심을 가져야 하는 이유가 여기에 있는 것이다. 다양한 의견들을 정치공간에서 표출하고 타인의 다양한 의견을 열심히 듣고 논리적이고 합리적인 비판과 토론이 이루어지는 것은 성숙한 시민사회를 형성해 나가는 지름길이라 할 수 있다. 이렇게 한다면 상대방 비방만이 난무하는 흑색정치판도 크게 개선되리라 생각해 본다. 정치인이 변화하지 않으면 유권자가 변해야 할 것이다. 특히 젊은 유권자의 역동성과 진취성은 생활정치판에 새로운 활력이 될 수 있을 것이다. 이제 시민을 위한 정책의 완성도를 높이고 자신의 삶의 질을 높일 수 있도록 정치적 이슈에 귀 기울여 목소리를 내는 젊은 청년들의 역량을 보여주어야 할 때인 것 같다.

제주시 원도심 재생은 가능한가?

원도심 도시재생의 지향성

　박근혜 정부에서 추진했던 주요 국책사업의 하나가 도시재생이었다. 윤석열 정부에서는 지역균형개발이라는 이름으로 변경되어 추진되고 있다. 일부에서는 도시관리측면에서 원도심에 적지 않은 예산을 투입하는 점에 대해 비판적인 시각도 있다. 원도심은 무근성을 비롯하여 제주도시 형성의 과정, 즉「공간의 확장」과「시간의 확장」속에 새겨진 많은 삶의 이야기, 역사적 문화적 흔적을 찾아 볼 수 있는 대표적인 공간이라는 점에서 제주의 정체성을 갖는 지역이라는 점에서 접근할 필요가 있다고 생각된다.
　「시간의 확장」개념에서 볼 때 원도심에는 오래된 땅, 장소가 내포하고 있는 수많은 역사적 흔적을 담고 있을 뿐만 아니라 탐라인들의 삶의 흔적이 고스란히 새겨지고 남아있는 전통, 근대, 현대사의 역사적인 공간이라 할 수 있다.
　또한「공간의 확장」개념에서도 제주시의 도시가 어떻게 변화되어 왔고 삶의 문화 역시 어떻게 변화되었는지 제주의 정체성을 보여주는 대표적인 장소이기 때문이다. 도시재생은 과거와 현재의 도시를 구성하는 요소의 선택과 집중의 사업이기도 한 것이다. 원도심의 도시재생은 바로 이 지점에서 시작되는 것이다. 과거 정체성의 요소들 중 자원적 가치를 가지고 있으면서 재생하여 활용 가능한 것을 찾아내는 일은 도시재생사업의 중요한 업무의 하나이다.

　과거 원도심의 개발 행태는 건축물의 고도高度완화를 통한 개발을 중심으로 외형적 확산에 치중하여, 지역성이 없는 도시경관과 생활환경을 양산하기만 하였다는 비판이 적지 않다. 그렇기 때문에 제주의 역사와 문화, 삶의 기반인 땅을 단순히 이익창출 우선의 개발대상으로 보기보다는 새로운 가치 부여와 장기적인 발전의 가능성을 유지해 나가려는 인식전환에서 시작되어야 하는 것이다. 다변화 다원화 시대에서 제주도시의 미래상과 가치 역시 생산적인 방향으로 전환되어야 하는 것이다.

도시재생 뉴딜사업의 유형

유형	주거재생		일반근린형	중심가지형	경제기반형
	우리동네살리기	주거지지원형			
법정 유형	-	근린재생형			도시경제기반형
추진 근거	- 국가균형발전법 - 도시재생법(활성화 지역으로 신청한 곳)	도시재생활성화 지원에 관한 특별법			
대상	소규모저층 주거밀집지역	저층 주거밀집지역	골목상권과 주거지혼재	상업, 창업, 역사, 관광, 문화 예술 등	역세권, 산단, 항만 등
특성	소규모 주거	주거	준주거	상업	산업
기간	3년	4년	4년	5년	6년
면적	5만㎡	5만~10만㎡	10만~15만㎡	20만㎡	50만㎡
내용	- 노후주거지정비 - 공동이용시설 - 생활편의시설 등 공급(도로정비 가능)	- 노후주거지정비 - 골목길정비 - 주차장 - 생활편의시설	하천, 유휴공공시설을 활용한 공동체 거점조성	공공기능 및 상권 활성화를 위한 시설조성	기반시설 정비 및 복합앵커시설 구축

출처: 제주특별자치도 도시재생지원센터, 〈이음, 제주〉, 2021년 6월 15일.

그러나 지역주민의 대부분은 여전히 기존의 도시재개발사업과 도시재생사업을 혼동하는 등 재생의 근본적인 목적을 잘 이해하지 못하고 있는 것이 현실이다. 도시재개발과 도시재생은 도시에서 발생하는 슬럼화의 원인에 따른 도시개조방식의 차이점이라고 할 수 있다. 유럽의 경우 도시 내부시가지의 쇠퇴문제, 미국에서의 교외화 및 도시인구감소 등에 따른 기존시가지 성장 침체 문제 등이 나타난 20세기 중반부터는 기존의 재개발 개념과는 다른 도시재생방식을 도입하였다.

   도시재개발은 주거환경개선, 주택공급의 문제, 급속한 도시화에 대한 대처를 위한 도시문제로 인식하는 반면 도시재생은 삶의 질을 충족시키고, 도시민들의 문화적 욕구를 해소하고 다른 도시와는 차별화되는 도시생활공간을 통해 도시의 경쟁력 확보, 환경 보존, 변화하는 인구구조에 적극 대응하는 것이 주요 목적이다. 도시재생을 보다 구체화한 것이 도시재생 뉴딜사업으로 지역의 특성과 대상면적에 따라 세분화하여 다양하게 적용할 수 있는 것이 특징이다.
   따라서 도시재생은 과거의 도시재개발과는 달리 주거지 개선중심의 물리적 환경 개발인 아닌 주거, 상업, 업무의 복합적인 용도를 담는 개발일 뿐만 아니라 예술, 문화 등이 포함되는 것으로 물리적인 재개발, 재건축을 넘어서 지역경제의 재건, 지역문화의 부흥, 그리고 새로운 도시 생활양식을 구축하려는 새로운 도시개발정책이라고 할 수 있다. 그렇기 때문에 철저한 지역의 여건과 잠재적 가치 평가를 통해 장기적인 안목에 기반을 잘 짜여진 장기계획과 핵심전략이 필요하다.

   구체적으로는 첫째 역사문화경관의 조성, 둘째 지역공간의 활성화와 주민복지증대, 셋째 에코뮤지엄의 실현과 체류공간, 체류시간의 연장, 넷째 작은 공용공간 Small Open Space의 조성 등 철저히 지역의 장소성과 주민의 편의성을 철저히 담보할 수 있어야 한다. 특히 핵심전략에 있어서도 첫째 원도심 속에 내재된 문화와 역사의 가치를 극대화하는데 초점을 두고 주거기능을 중심으로 상업기능이 혼재된 이른바 복합개발의 추진과 제주원도심의 근현대역사경관형성을 조성하고 정착시키는 방안, 둘째 도심대학캠퍼스 조성을 통해 대학의 생산적인 역동적인 작업과 활동이 도심에 흩어져 활성소를 갖게 하는 방안에 대해 적극적으로 유치할 필요가 있을 것이다.

결론적으로 도시재생은, 지역정비가 필요한 노후도심지에 대해 전면철거방식이 아닌 기존필지의 분할과 도로망체계를 크게 바꾸지 않고 그에 적응하면서 점진적으로 지역변화를 유도해나가는 점진적인 정비수법이 중요하다. 또한, 다세대 교류를 기반으로 하는 소규모단지의 집합주택, 적절한 규모의 상업시설과 풍부한 외부공간의 확보 등 이른바 콤팩트 개발을 통해 새로운 변화와 발전의 가능성을 갖고 있다고 생각된다. 제주 원도심에는 과거 역사와 문화가 여전히 남아 있으며 아름다운 자연요소와 역사 흔적들이 재발견되고 평가될 필요성이 있기 때문이다.

신산머루 도시재생 논쟁의 교훈

도시재생 사업 대상지로 선정된 제주시 일도2동 일대 신산머루에서의 도시재생과 도시재개발을 둘러싼 주민갈등 현상, 그리고 행정조직개편으로 도청의 도시재생과가 도시재생계로 축소되는 과정을 보면서 도시와 생활공간에 대한 가치인식과 도시개발사업의 전략적 접근방법에 대하여 전환이 필요하다고 생각된다. 1960년대부터 시작된 도시개발사업은 도시재개발사업에 치중되면서 상대적으로 제주시의 비대화와 아울러 타 지역의 과소過疎화로 이어져 제주지역 고유의 정체성과 쾌적성Amenity의 상실로 이어지고 있다. 이러한 생활환경의 문제는 이미 오래전부터 지적되어 왔던 문제이기는 하지만, 우리들은 싹쓸이식 개발Scrape and Built의 대명사로 불리는 도시재개발을 통해 새로운 것에만 너무 많은 의미와 가치를 부여하였다. 오래된 집과 좁은 길은 불편하고 오랫동안 이용하여 왔던 건축물은 가치 없는 것으로 생각하였다. 그러나 이러한 것이 오히려 지역화, 지역의 특성을 창출하지 못하는 요인들이 되고 있다. 지역성이 없는 것은 국제화도 될 수 없기 때문이다.

도시계획의 이론과 실천수법이 크게 변하고 있다. 이는 소비방식과 자연환경의 문제, 주거의 질 문제 등에 대한 근본적인 성찰에서 비롯된 것이다. 근대도시계획의 근간이 되었던 기능중심의 어바니즘Urbanism의 틀을 벗어나 새로운 도시계획의 틀과 가치가 뉴어바니즘New Urbanism이다. 이와 관련된 새로운 이념의 도시개발이 콤팩트시티Compact-city[2], 도시재생이라 할 수 있다. 지역의 정체성Identity과 쾌적성Amenity을 확보하는 것, 이것이야말로 도시공간 재생의 시작목표이라고 할 수 있을 것이다.

따라서 신산머루 지역을 비롯하여 제주도내에서 추진되고 있는 도시재생은 도시계획의 큰 틀속에서 조심스럽게 접근해야 할부분이 많다. 첫째, 도시재생의 성격을 고려할 때 공공성이 있는 사업프로그램이 포함되는 것은 필수적이라 할 수 있다. 빈집의 공적 활용방안이나 정취 넘치는 골목길을 보존하면서도 소방 및 주차문제의 해결방안을 통해 마을 경관유지와 보행환경을 개선하는 등 지역 특성에 맞는 공공성이 있는 개발사업을 추진하는 것이다. 둘째, 실질적인 혜택을 받아야 하는 지역의 주민들이 주체가 되어 추진되어야 하는 것이다. 그렇기 때문에 주민 스스로가 도시의 문제, 지역의 문제에 대한 고민과 해결방안을 공유하고 지역에서 실천할 수 있는 장기적인 세부계획과 세부과제를 설정하고 행정과 협력하여 시범적으로 추진해 나가는 것이 중요하다고 할 수 있다. 셋째, 제주개발공사를 비롯하여 제주관광공사, 제주에너지공사 등과 협력관계를 맺어 시너지 효과를 높이려는 전략적 접근방안도 적극적으로 검토할 필요가 있다.

2   주거와 상업, 업무공간 등 일상적인 도시의 기능을 기존 시가지 내에 집중시켜 주거 밀도를 높이고 토지의 효율성을 높임으로써 삶의 질을 높이고, 동시에 도시의 외연적 확산을 억제하기 위한 도시 계획의 개념.

제주신항개발을 위한
선행조건

2013년 우근민 도정 때 추진되었던 제주신항건설계획이 재추진되고 있다. 도서島嶼라는 여건, 해양산업의 활성화, 장기적으로 급증할 물동량에 대한 대응 등 여러 가지 여건을 고려할 때 필요한 사회 인프라이다. 문제는 어떤 장소에 어떻게 개발하는 가의 문제, 즉 지역선정과 개발프로그램의 적정성의 문제에 대한 논의가 심도 있게 이루어져야 할 것 같다. 사실 2013년 추진당시 제주신항건설에 대해 한국환경정책연구원과 제주도청 관련부서의 내부검토보고서에서도 몇 가지 문제점들이 지적되었다. 매립에 의한 신항 주변의 어장환경의 훼손문제, 사업성 확보를 위해 매립면적의 확대와 숙박시설 등 위락시설의 고층화로 인한 해안경관의 훼손문제 등에 대한 우려와 해결을 언급한 부분이다.

원희룡 도정 때 제시된 제주신항건설내용은 2013년 당시 제시되었던 신항건설내용과 크게 달라진 것이 없을 뿐만 아니라 오히려 매립면적이 1.5배 정도 증가된 신항건설계획안이 제시되어 환경단체들이 반대하였다. 공항과 함께 신항은 사회 주요 인프라이기 때문에 부정적인 요소들을 세밀하게 점검하고 계획에 적극적으로 반영하는 것은 당연한 일이다. 2013년 이후 중단된 이후 지금까지 문제점으로 제시되었던 사항들이 어떠한 논의과정과 검토가 이루어졌는지 궁금하다. 발표된 제주신항계획이 기본적인 구상단계라고 하지만 계획의 내용을 보면 너무나 토목중심의 사업에 치중되어 있을 뿐 도시계획 전반, 원도심과의 연계 등 사회인문학적 고려와 배려가 상당히 미흡하다는 생각이 드는 것은 탑동 주변 해안의 환경과 기후변화, 원도심의 재생계획, 교통체계 등 여러 가지 데이터분석에 근거하여 합리적인 해결방

리적인 해결방안을 찾는 과정에 좀 더 집중하지 못했기 때문일 것이다.

제주신항건설은 막대한 예산이 투입되고 제주미래에 적지 않은 변화와 영향을 주게 될 중요한 인프라이기에 더욱 신중하고 합리적인 분석과 다양한 의견의 토대 위에 추진되어야 할 것이다. 선행적으로 검토되어야 할 몇 가지 문제점들을 정리해보면 다음과 같다.

첫째, 우근민 도정 초기당시 태풍으로 인한 피해지역으로서의 탑동매립지역에 대하여 재해위험지구로 지정되어 관리되고 있는 상태를 해결하여야 할 것이다. 제시된 제주신항건설계획에는 1차, 2차 매립으로 조성된 탑동매립지역에 대해 어떠한 재해위험지구를 해결하는 구체적인 방안이 제시되지 않은 상태이다. 기존 탑동매립지역을 비워두고 앞부분을 매립하여 파도의

제주신항건설 예정지의 과거 모습

1967년 원래의 모습

1990년 1차, 2차 매립 후 모습

피해를 최소화하고 수로형성을 통해 워터프런트를 조성하겠다는 내용뿐이다. 언제 붕괴될지 모르는 상태의 재해위험지구를 방치한 채 매립방식으로 친환경 항구를 건설한다는 것은 설득력이 떨어진다. 더욱이 친환경적인 워터프런트Water Front[3]를 조성하겠다면 시민의 안전이 우선되어야 하기 때문에 재해위험지구에 대한 해결방안이 더욱 중요한 문제인 것이다.

둘째, 지속적으로 피해를 받고 있는 탑동 2차 매립지역에 근접하여 넓은 지역으로 매립하고 고층건물을 건축하는 것이 과연 안정성을 담보할 수 있는 것인가에 대한 문제이다. 특히 과거 2007년 태풍 나리에서 경험하였듯이 병문천 하류지역은 태풍과 밀물이 동시에 이루어질 경우 상당히 큰 피해를 입을 가능성이 높은 지역이다. 병문천 하류에 인접하여 거대한 방파제 구조물을 구축하는 것은 북서풍에 의한 바람의 영향을 받는 파도의 흐름이 변할 가능성이 높고 여기에 밀물이 겹쳐질 경우 예상되는 피해저감방안도 제시되어야 할 것이다.

제주신항건설 예정지의 현재 모습(2019년)

3 도시에 접한 수변공간을 친환경적으로 개발, 조성하여 도시민의 휴식 공간으로 제공하는 것.

셋째, 도시재생과 연계하기 위한 프로그램의 문제이다. 제주시 원도심은 제주의 정체성을 잘 보여주는 공간이지만 과거 추진되었던 사업은 물리적 환경개선 중심의 사업이어서 향후 추진되는 도시재생사업의 내용과 추진방식에 있어서 혁신적인 개선방안이 필요한 상황이다. 이와 관련하여 기본적으로 행정중심의 사업에서 주민중심의 사업으로 전환되어야 하고, 관광 및 경제 활성화에 초점을 두기보다는 정주환경과 지역의 문화적 기능의 활성화에 집중하는 등, 과거와 다른 방식과 프로그램을 도입하여 추진할 필요성이 대두되고 있는 현실이다. 궁극적으로는 원도심의 지향적 가치는 「역사와 문화의 가치가 공존하고 정주환경 기반의 활기찬 경제생활공간」이라 할 수 있다. 제주신항건설계획에서는 원도심과 연계하겠다는 비전을 제시하고 그로 인해 인구증가, 지역활성화를 기대하지만 이들 계획 역시 구체성이 떨어지는 내용이다. 제주신항건설에 담길 물리적 요소와 프로그램들이 무엇이고 이들 요소들이 원도심재생사업과 어떻게 연계되는지, 지역주민과의 관계는 어떻게 되는지 좀 더 구체적인 내용을 제시할 필요가 있을 것이다.

넷째, 장기적인 비전과 추진전략의 문제이다. 현재 제주외항에는 국제여객과 크루즈 여객을 고려한 터미널을 신축하고 있고 주변 일대지역을 물류센터 등으로 기능재편을 위해 공사가 진행 중이다. 이들 계획은 이미 4, 5년 전 부터 추진되고 있는 항만인프라구축사업이라 할 수 있다. 그렇다면 장기적인 계획도 없이 너무 근시안적으로 계획을 추진하고 있는 것이 아닌지 걱정이 앞선다. 제주항 전체에 대한 미래비전이 잘 보이지 않은 것도 이와 무관하지 않을 것이다. 크루즈 모항기능과 관광위락 기능, 물류기능 등 여러 가지 기능들이 거론하고 있어서 시민들이 잘 이해하지 못할 것이다. 그렇다면 시민들의 협조와 지지를 받기에 어려운 점도 많을 것이다. 그렇기 때문에 계획은 시민들의 눈높이에서 시민들 위한 공간으로 어떻게 계획되는지 명확하고 투명해야 하고 지속성을 갖고 추진될 수 있는 내용으로 구성되도록 검토되어야 할 것이다.

제주신항은 제주발전의 원동력이 될 사회기반시설이기에 많은 사람들이 관심을 갖고 있다. 제주신화 속에 나오는 설문할망 이야기처럼 육지로 이어지지 못한 한계의 도서島嶼, 제주도는 하늘길과 함께 바닷길을 통해 새롭게 발전해야 할 것이다. 그러기에는 제주신항계획은 여전히 재검토되어야 할 문제점이 많고 치밀하게 수립해야 할 사항도 많은 것 같다.

건축자산 진흥을 통한 도시재생의 접근

옛 제주대학 본관, 옛 제주시청사, 옛 남제주군청사, 옛 추사관, 옛 카사 델 아구아. 한국 건축사적 흐름에서 의미를 갖는 건축, 제주사회사의 흐름을 읽을 수 있는 건축, 그리고 유명건축가의 유작으로 평가할 수 있는 건축물들이다. 그러나 지금은 우리들의 생활공간에 존재하지 않은 건축물이다. 옛 제주대학 본관과 옛 카사 델 아구아 정도가 철거와 존치를 둘러싸고 논란이 되었을 뿐 이외의 건축물은 슬그머니 철거되어 버렸다. 굳이 이들 건축물뿐만 아니라 건입동에 위치한 옛 주정공장과 사택을 비롯하여 근현대 시기의 수많은 건축물들도 철거되었다.

철거된 근현대건축물

카사 델 아구아	옛 제주시청사	옛 제주대학 본관	제주시민회관
(설계: 리카르도 레고레타)	(설계: 박진후)	(설계: 김중업)	(설계: 김태식) *2023년 철거예정

최근 건축에 주목하는 것은 압축성장과정 이후 급속하게 변화되어 버린 우리 삶의 환경과 도시, 건축 때문이다. 도시화 근대화의 물결 속에 추진되었던 근대도시계획은 자동차의 기능에 가치를 부여하였고 경제성장의 논리 아래 주택과 기반시설을 지속적으로 구축하여 왔다. 반면 자연환경에 대한 존중과 배려, 그리고 인간중심의 생활공간구축과 실현, 역사적 문화적 가치 창출을 위한 기반시설 및 공공건축의 정비는 적절하고도 충분히 반영되지 못하였다.

건축은 생활환경을 구축하는 데 있어서 중요한 의미를 갖는 구축물이자 오랜 시간에 걸쳐 축척해 온 결과물이다. 이런 점 때문에 건축은 비바람을 피하는 단순한 물리적 구축물의 기능을 벗어나 국가와 지역의 시대성과 역사성, 그리고 문화성을 반영하는 상징적인 구축물이자 자산으로서의 기능이 강해서 건축문화라고 부른다. 건축문화는 눈에 보이는 실체 없이는 지속될 수 없다. 살아있는 실물의 모습과 촉감, 그리고 공간적인 분위기로 느끼고 생각하게 하는 것이 중요한 것이다.

그렇기 때문에 도시건축의 질과 삶의 질 측면, 그리고 지역의 특성을 반영하기 위해 제정된 법이 「한옥 등 건축자산의 진흥에 관한 법률」이다. 굳이 사족蛇足을 붙이자면 건축자산의 보전과 조성, 활용을 통해 주민 및 공동체가 주도적으로 삶의 공간을 유지하는 「일상성」, 지역의 역사와 문화의 가치 존중 위에 합리적인 보전과 개발을 통해 주민의 삶의 질 향상과 지역고유의 환경이 연계되는 「지역성」을 추구하고자 하는 것이 건축자산 진흥의 기본적인 가치이다.

그리고 실천적이고 구체적인 접근방법에 있어서도 구축물을 건축자산으로서 인식하고 보존하면서 공공성을 확보하기 위한 다양한 개발수법을 적극 수용하여야 한다는 사회인식 변화와 아울러 관련 법규 및 제도의 개선이 점진적으로 이루어져야 하는 것이다. 특히 5년을 단위로 추진되는 건축자산 진흥시행계획은 도시재생 관련부서와 마을만들기 관련부서, 문화예술 관련부서 등과도 깊이 연관되기 때문에 행정부서간의 협력, 연계사업추진이 필수적이다. 행정조직의 든든한 협력 관계 속에 지역주민들이 자발적이고 주도적으로 건축자산 진흥사업에 참여한다면 성공확률이 높을 것이다. 따라서 이제 막 뿌리를 내리고 있는 도시재생사업과 건축자산 진흥사업은 도시건축을 기반으로 하는 사업이어서 협력을 통한 「일상성」과 「지역성」 구축의 파급효과가 더욱 기대된다.

금성교회 정면 위, 상세 부분
금성교회의 정면은 좌우대칭적이며 비례감을 가지면서도 선형과 비선형의 기하학적 형식으로 구성되어 있다. 또한 입면의 아치창과 내부의 공간 역시 기하학적 형태와 공간의 조화성을 갖고 있다.
고전건축과 모더니즘을 혼합한 새로운 고전적 양식과 디테일, 재료의 재해석으로 창의적인 건축을 하였던 이탈리아 베니스의 건축가 카를로 스카르파(Carlo Scarpa 1906~1978)의 건축을 연상하게 한다.

제주 읍면지역에서 쉽게 접할 수 있는 고구마 저장고
저온저장을 위해 구조물 위에 흙을 덮고, 돌출 환기창을 세운 외관은 마치 우주선의 이미지를 연상하게 한다. 저장고는 1970년대와 1980년대를 중심으로 구축되기 시작한 농촌의 산업시설이다.
산업구조와 생활 활동이 만들어낸 지역건축이다.

도시재생과
지역통합돌봄 연계

2020년 2월 13일 국회의원회관에서 「지방도시 재생과 연계한 고령자 커뮤니티케어 실현 - 은퇴자 주거복합단지 모델 도입진단 -」이라는 주제의 세미나를 저출산고령사회 위원회가 개최한 바 있다. 지역통합돌봄사업은 넓은 의미에서 고령자를 위한 커뮤니티케어 Community Care 즉, 지역사회 단위의 돌봄이다. 현재 추진되고 있는 지역통합돌봄사업은 병원이나 요양원에 입소하신 어르신들 중 희망자에 한하여 가능한 한 지역사회에서 정주하며 적절한 돌봄을 제공하는 시스템을 구축해 나가는데 목적을 두고 있다. 세미나 개최의 목적은 지역사회에는 자립적이고 활동적인 건강한 어르신들의 비중이 더욱 크기 때문에 이들을 위한 정책적 대응방안 논의자리였다.

주제에서 알 수 있듯이 도시재생은 국책사업으로 국토교통부가 주관하고 있고 고령자 커뮤니티케어는 보건복지부 주도의 정책사업이다. 도시재생과 고령자 커뮤니티케어를 동일한 선상에서 바라보려는 시각은 매우 중요한 출발점이라 할 수 있다. 이는 국토교통부와 보건복지부의 「협력적 관계성」의 문제이자 하드웨어와 소프트웨어의 「보완적 관계성」을 보여주는 것이기 때문이다.

특히 우리나라 노인복지법 체계에서 볼 때, 고령자 주택을 비롯하여 고령자 복지주택(민간 유료 노인 시설)등을 확대할 필요가 있기 때문에 하드웨어와 소프트웨어의 「보완적 관계성」이 필요한 것이다.

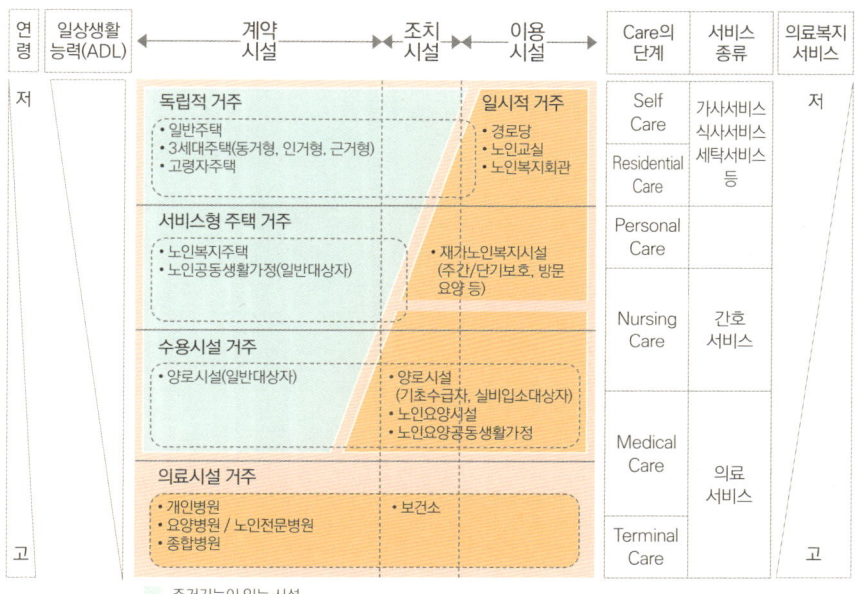

우리나라 복지시설 체계
고령자의 연령과 신체능력정도, 제공되는 복지서비스, 시설계약형식 등을 기준으로 분류한 내용. (주: 김태일, 고령화사회의 주거공간학, 보고사, 2008년, 59쪽의 내용을 토대로 개정된 노인복지법의 시설을 재분류하여 작성한 것임)

　　지역사회에서의 돌봄은 이제 예방적 사회복지의 개념으로 전환될 필요가 있다. 의료와 보건 서비스보다는 자립해서 생활할 수 있도록 생활지원중심의 서비스를 강화하고, 오랫동안 유지되어 온 인간관계의 사회적 네트워크를 통해 밝고 건강한 노후의 삶을 유지할 수 있는 정주환경을 만들어 가는 것이 은퇴자 주거복합단지 모델이 아닐까 생각해 본다. 그렇기 때문에 우리나라 노인복지법상 의료시설에 해당되는 노인성질환 및 심신의 장애가 있는 고령자를 대상자로 하는 노인양로시설이나 노인요양공동생활가정도 자립적인 생활이 가능하도록 주거시설의 기능을 전환해 나가는 정책과 시설기능의 공간적 범위도 보행권 단위를 중심으로 고령자의 주거환경을 정비할 필요가 있다고 생각된다.

　　현재 노인복지법 체계상 지역거점 시설과 전문기능적 시설로서의 기능적 전개를 일정 부분 담당이 가능하지만 일상적인 생활공간까지 미치기에는 한계가

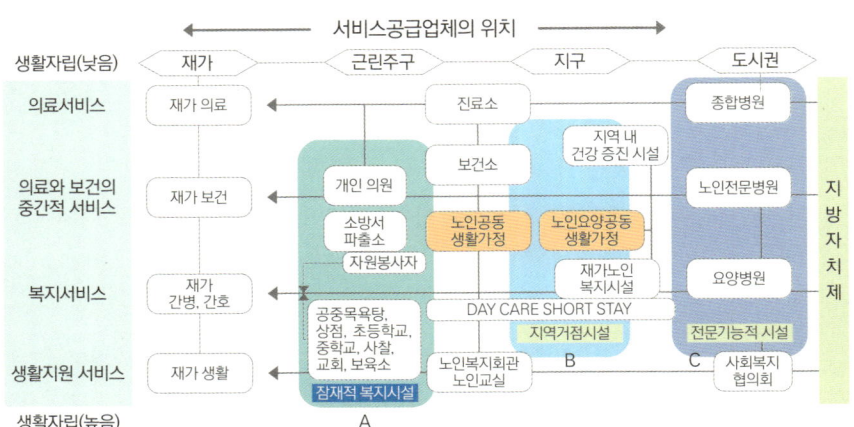

우리나라 노인복지법 상의 시설을 생활권역 기준으로 배열한 복지서비스전달체계
지역사회에는 법률에 근거하여 전달되는 복지서비스가 제한적이기 때문에 지역사회자원활용하여 보완할 필요성이 있다. (주: 김태일, 고령화사회의 주거공간학, 보고사, 2008년, 59쪽의 내용을 토대로 개정된 노인복지법의 시설을 재분류하여 작성한 것임)

있다. 그렇기 때문에 공적인 지원시스템과 결합, 보완될 수 있는 지역사회의 자원을 적극적으로 활용, 연계하는 것도 매우 의미 있는 정책적 접근이다. 우리가 생활하는 지역사회에는 개인의원을 비롯하여 파출소, 목욕탕, 초등학교 경로당 등 잠재적 복지시설로서의 기능을 가질 수 있는 자원이 있다는 점에 주목할 필요가 있다. 지역사회의 자원활용은 기존의 지역시설 공간을 매개로 한 복지활동과 근린관계의 형성을 상호 연계하여 주민복지조합을 통한 주민주도의 돌봄사업을 통해 이른바 복지커뮤니티형성이 가능하다는 측면에서 매우 의미 있는 것이다. 특히 이들 지역자원의 활용에 의한 고령자용 소규모복지시설 조성과 같이 주민의 복지활동 속에서 주민 스스로가 직접 참가활동을 통하여, 지역 내의 고령자에 대한 복지서비스제공과 함께, 복지에 대한 주민의 의식 향상, 자유스러운 주민상호관계가 형성되고, 새로운 복지사회의 구축으로도 연결될 것이다.

지역사회 시설자원 활용을 원활하게 추진하기 위해서는 도시재생사업과 지역통합돌봄사업이 연계될 수 있도록 도시재생법, 노인복지법 개정과 아울러 학교관련법, 지역복지협동조합의 설립지원과 관련법의 개정 등 다양하게 검토해야 할 부분이다.

행정의
책임성과 기획력

첨단산업단지 조성, 제주신항개발계획을 비롯하여 예래동휴양형주거단지, 택지개발사업, 하천정비사업, 부동산투자이민제 등과 같은 개발 관련 사업에 대한 비판이 적지 않다. 완료된 개발사업 중에는 수백억 원의 예산이 투입되었지만 환경과 경관문제를 비롯하여 지역주민의 삶의 질에 그다지 긍정적인 영향을 주지 못한 사업들이 적지 않기 때문이다. 그러나 이들 사업과 정책과 관련하여 그 누구도 잘못을 인정하고 생산적인 방향으로 수정을 하겠다는 의지를 정책 책임자가 공개적으로 표명한 적은 없다.

좋은 사례가 제주신항개발계획과 도시첨단산업단지 조성이다. 제주신항 개발계획은 절차적 측면과 내용적 측면상에 문제가 있다고 생각된다. 2013년에도 탑동 항만계획을 발표하였다가 어민들의 거센 반발과 지역여론 때문에 무산된 적이 있다. 법률적인 문제를 떠나 이미 한차례 무산된 개발사업인 만큼 원만한 사업 추진을 위해서는 지역주민과 도민과의 상호 신뢰와 소통을 위해 사업의 당위성과 필요성에 대한 설득논리가 중요할 수밖에 없을 것이다. 그러나 새롭게 재추진하는 제주신항개발계획 발표 이전에 예상되는 여러 가지 문제점들에 대하여 이해당사자간의 설득과 논의과정이 적절했는지 의문이 든다. 그리고 내용적 측면에 있어서도 2013년 항만계획보다 넓은 매립지를 조성하면서 이미 건설된 제주항국제여객선터미널 일대에서부터 제주항연안여객터미널, 원도심, 탑동으로 이어지는 수변공간 활용과 도시재생사업과 어떻게 연계되는지, 2조 원 이상의 건설비용에 대한 비용무담 문제를 해결하기 위한 상업자본의 유입과 항만으로서의 공공성 확보를 어떻게 할 것인지 구체성이 명확하지 않다. 특히 향후 제주 산업구조의 변화예측과 물동량 수요에 근거한 제주신항 확충의 논리성 확보 등을 좀 더 신중한 논의과정을 가지지 못한 채 서둘러 추진하는 것이 아닌지 아쉬운 점이 많다.

도남동 일대에 조성을 검토하였던 첨단산업단지 조성계획 역시 행정 스스로가 논란을 자초한 부분이 크다고 생각된다. 언론을 통해 알려진 바로는 첨단산업단지 후보지선정을 해당 부서 담당자가 결정하여 중앙정부의 공모사업에 제출하였다고 한다. 그러나 제주국제자유도시개발센터JDC가 조성한 첨단과학기술단지가 있고 제2첨단과학기술단지 조성계획도 수립하고 있는 상황에서 이들 단지와의 역할과 기능, 향후 제주의 산업구조변화 분석을 바탕으로 제주도 광역도시계획의 큰 틀에서 연계 등을 면밀하게 검토한 후 도시계획위원회에서 최종논의과정을 거쳐 결정하는 과정이 합리적이었을 것이다. 더욱이 도시계획위원회에서는 검토할 만한 분석자료가 미흡함에도 통과시켜 행정에 대한 지역주민의 신뢰감을 크게 떨어뜨렸다.

예래동 휴양형주거단지 관련 제주특별법의 개정 역시, 대법원의 위법판결에도 불구하고 간단히 법 개정만으로 근본적인 문제가 해결되었을까 의문이 남는다. 법 개정에 적극적이었던 야당 의원의 설명처럼 국부國富유출이 우려되어 법 개정을 할 수밖에 없었다면 국부國富가 유출될 정도의 개발사업을 추진했던 해당기관과 책임자에 대한 문책 조치는 왜 하지 않는지 납득하지 못하고 있다.

또한 도시계획조례의 개정사항도 2012년 11월 도시계획조례 전면개정 공청회 당시 도시계획상 자연녹지지역의 목적과 기능을 고려한 적정 개발방식에 대한 논의보다는 지역경제 활성화라는 논의에 치중하며 오히려 개발행위를 완화했고 지금 난개발의 이야기가 나오는 것은 누구에게 그 책임을 물을 것인가? 게다가 장기적으로 난개발지역에 대해 도민의 세금으로 주거환경 정비사업을 해야 하는 문제에 대해 도의회도 책임을 피할 수 없을 것이다. 대규모 시설공사로 인해 지역의 건설경기는 호황이었지만 지역경제의 파급효과가 크지 못했다는 것이 일반적인 평가이다. 개발이익이 특정영역에만 치중된 것이어서 도시와 건축이 추구해야 할 본질적인 가치, 즉 공공성의 가치를 크게 훼손한 것이다. 수년 전 공무원 징계로 논란이 되었던 곽지해수욕장의 해수풀장 개발사업도 아름다운 해안풍경을 가진 곽지해수욕장의 장소적 가치평가를 하지 못하고 인위적인 구조물을 조성하려는 조성방식에서 기인하는 것이다. 당시 원희룡 도정에서 수립한 「제주미래비전」에서 핵심가치로 제시한 「청정과 공존」에 대한 철학부재에서 기인하는 것이다.

근본적으로 이러한 문제를 해결할 수는 없는 것인가? 가장 명확한 점은 개발사업과 정책을 추진하기 앞서 왜 해야 하는지, 어떻게 추진해야 하는지에 대한 기본적인 문제에 대해 개발사업과 정책입안 초기단계에서부터 치밀하게 검토를 강화할 필요가 있다. 기획단계의 업무기능을 강화해야 하는 것이다. 본래 기획이란 일을 꾀하여 계획한다는 의미로 초기단계의 개략적인 방향과 지침 등을 체계화하는 단계 혹은 작업을 의미하는 것이다. 이러한 관점에서 본다면, 행정의 기획은 의도하는 목적이나 내용을 파악, 논의, 협의하여 결정하고 보다 높은 질의 정책결과를 생산하기 위해 다른 분야의 전문가와 협의하며, 법률적·기술적·경제적인 문제 등을 종합적으로 조사, 분석하여 최적의 계획을 세우는 작업을 의미한다. 또한 공간사용의 효율성, 운영과정에서 발생되는 제반비용 등 사회적 측면과 경제적 측면 등을 고려할 때 지침단계에서 치밀하게 검토되어야 할 부분이기 때문에 중요한 의미를 가진다. 그렇기 때문에 행정의 기획력은 개발사업과 정책의 내용 전체를 통찰하고 조직하고, 연계하는 강력한 힘이자 기초단계이기 때문에 더욱 중요한 것이다. 아울러 기획력을 높이기 위해서는 무엇보다 치밀한 사전 조사·분석에 근거하여 개발사업과 정책적 대응의 기획안을 구성하는 것이 필요한 것이다. 사회의 통념적 가치관과 삶의 환경에 대한 인식이 변화되고 있는 이 시대에 행정도 변화되어야 한다.

행정의 가장 중요한 원칙은 신뢰성과 책임감이며 도시행정과 건축행정에 있어서 시민의 삶의 문제뿐만 아니라 지역의 문화적 수준으로 향상할 수 있는 지역경쟁력의 기반이기도 하다. 행정의 신뢰와 책임에 기초하여 잘 준비된 분석자료와 계획수립에 근거한 개발사업을 합리적, 체계적으로 추진할 수 있는 행정의 내부역량 강화가 필요하다.

03

제3장 문화공간과 삶

우리 공동체는 급속한 경제성장과 아울러 지역주민의 생활양식이나 생활의식의 변화,
생활환경의 악화되고 있음에도 불구하고 국민의 생활복지를 향상하기 위한 방법으로서,
복지활동을 주체로 한 새로운 공동체 형성의 가능성,
나아가 복지공동체 형성에 대한 필요성이 요구되고 있다.
이제는 지역 계획론적 문맥에서 어떻게 실천해 가는가,
즉 공동체의 다원화를 다시 편성하는 지역, 조직, 시설에 의한 복지공동체 형성의 가능성과
성립조건을 구체적인 지역사회에 입각하여 추구할 필요가 있을 것이다.
접근방안 중의 하나가 공공성의 강화라 생각된다.

매력적인 도시에
살 권리

도시화Urbanization[4]가 진행되면서 제주시와 서귀포시 동洞지역의 인구가 차지하는 비율만 약 73% 정도이다. 도시로의 집중은 정치적, 경제적, 사회적 원인과 배경에서 기인하는 것이지만 궁극적으로는 도시만이 갖는 나름대로의 매력적 요소, 즉 의료시설, 문화시설, 교육시설, 상업시설 등 삶의 질에 영향을 주는 시설의 집중화와 취업기회의 확대가 있기 때문이다.

도시의 매력은 어떤 것인가? 「물질적인 측면」과 「비물질적인 측면」으로 나누어 설명될 수 있을 것이다. 「물질적 측면」은 공간과 장소를 짜임새 있게 만드는 것이고, 「비물질적 측면」은 도시가 갖는 이미지, 크게는 경관적 가치이다. 기본적으로 도시형태는 왕궁중심의 정치적 기능과 일반시민들의 생활공간기능 중심으로 운영되었던 전통적인 도시형태, 그리고 자본주의의 가치관에 근거하여 발달한 미국의 도시형태로 구분할 수 있을 것이다. 이들 도시의 공통되는 점은 농촌지역과 구별되는 명확한 경관景觀이 있으며, 농촌과 다른 생산활동을 하는 주민을 위한 잘 짜인 주택지와 광장, 질 높은 문화시설의 배치와 접근성이 배려된 교통체계, 주택지와 연속성을 갖는 쾌적한 녹지공간의 체계와 같은 「물질적 측면」, 그리고 그 속에 오랜 시간의 축적에서 만들어지는 도시의 이미지를 갖고 있다. 이러한 관점에서 볼 때 제주의 도시, 그리고 건축은 명확한 경관정책을 갖고 있는 것인가, 그리고 주민중심의 도시, 건축정책을 추진하고 있는 가에 대한 의문을 가질 수밖에 없다. 물론 녹색도시, 안전도시, 건강도시, 문화도시 등 수많은 정책적 구호 아래 관련정책을 추진하고 있고 제주도의 궁극적인 지향목표인 제주국제자

---

4   도시가 아니었던 지역 혹은 낙후된 지역이 개발되는 것을 의미한다.

유도시 구현을 위해 다양한 정책과 사업을 추진해 오고 있다. 문제는 정책이 집행되는 주요 공간의 대상인 도시에 대한 정확한 이해와 분석, 그리고 지향하는 명확한 목표의식 없이 지금까지 관행처럼 해왔던 사업들을 잘 포장하여 추진하고 있다는 점이다. 수억을 들여 발주되는 수많은 용역보고서는 내용검토가 부실하거나 시행되지 않는 경우가 많으며, 시민들의 삶의 질도 크게 개선되었다고 인식하지도 못하고 있다.

사실 제주는 개발에 비중을 둔 도시정책으로 인해 외연적 확장을 이루었으나 도시의 정체성은 약하다. 이면도로는 자동차로 가득하고 여유 있게 걷고 휴식을 취할 수 있는 공공공간도 빈약하다. 신규 조성된 택지지구의 경관은 거의 비슷한 이미지이고 그다지 특색 있거나 매력적이지도 않다. 제주의 도시만 그런 것이 아니라 우리나라 도시가 처해있는 현실이 거의 같다. 젠트리피케이션, 도시재생, 장소의 공공성, 도시의 주권, 주민참여 등은 도시의 새로운 문제 중의 하나이다. 그렇기 때문에 과거와 같은 방식으로 도시를 관리할 수 없다. 매력적인 도시에 살 권리란 무엇인가? 우리는 보행권, 환경권, 경관권, 생활권, 참여권의 문제에 대해 매력적인 도시를 만들기 위해 어떠한 노력을 해야 하는가? 시민의 입장에서 좀 더 깊은 고민을 해야 할 때이다.

첫째는 보행권이다. 보행권은 자동차로 인한 불편과 위험성이 없이 사회적 약자를 포함한 모든 시민들이 편하고 안전하게 보행할 수 있는 권리를 의미한다. 시민의 보행권을 되돌려 주기 위해서는 공원, 학교, 문화시설 등과 네트워크체계를 갖도록 연결시켜주는 것이 효과적이다. 물론 자전거 도로망 정비도 병행될 필요가 있을 것이다.

둘째는 환경권을 돌려주어야 한다. 환경권은 햇빛, 바람, 물, 그리고 녹지공간과 같은 자연환경을 즐길 수 있는 권리를 의미한다. 제주는 도심 내 흐르는 하천이 있고 오름이 있는 매우 특이한 도시의 자연환경을 갖고 있지만 효율적으로 활용하지 못하고 있다. 특히 도시계획에 따라 도시 내에는 수많은 어린이 공원과 근린공원이 있지만 도시공원으로서의 기능을 제대로 하지 못

하고 있다. 선진국에서 추진되고 있는 그린웨이Greenway 조성 사업을 참고할 필요가 있을 것이다.

셋째는 경관권도 삶의 질을 좌우하는 중요한 요소이자 시민의 권리이다. 아름다운 산과 오름, 아름다운 바다와 하늘, 그리고 인위적으로 조성된 공원을 시민들의 생활 일부로 즐길 수 있도록 배려해 주는 것이야 말로 진정한 도시이다. 넓게는 도시의 이미지, 도시의 경쟁력을 높이는 것이기도 하다.

넷째는 생활권이다. 걸으며 일정한 공간내에서 쇼핑과 여가, 문화, 교육 등 일상적인 생활을 영위할 수 있는 소규모 단위의 생활권역을 정비하는 것도 매우 중요하다. 이것이 바로 콤팩트도시이다. 궁극적으로는 오영훈 도정에서 강조하고 있는 15분도시가 여기에 해당하는 것이다.

다섯째는 참여권이다. 이제 도시는 과거와 같이 행정주도의 도시계획과 엔지니어링사무소에서 수립한 도시계획 사업들이 한계를 이르고 있다. 오랫동안 시민들은 도시계획에 무관심하였고 참여기회도 주어지지 않았다. 도시는 누군가가 만들어주는 대로 불편함을 참고 살아가는 공간이 아니라 자신과 타인이 공존하면서 편리함과 쾌적함을 확보하기 위해 살아가야 하는 생활공간이기 때문에 주민이 참여하여야 하는 것이다. 이제는 행정은 시민의 참여권 보장에 대한 고민을 해야 한다.

제주의 도시건축은 삶의 공간에 기반을 두고 과거와 현재가 잘 혼재되어 있는 역사도시이자 제주의 독특한 지형이 만드는 풍경을 담는 도시의 구상에서 출발해야 하는 것이다. 기억, 풍경, 삶이 축척된 매력적인 도시와 건축을 구축하기 위해서는 도시와 건축행정에서부터 토지이용, 교통, 공원녹지, 문화, 건축 분야의 축척된 데이터를 분석하고 원인을 해석할 수 있는 역량을 키워야 하는 것이다. 또한 관련부서간의 체계적인 협업사업추진, 공공시설물의 입찰제도개선, 공원과 광장의 확대와 네트워크, 지역주민 참여촉진을 위한 도시건축기금조성 등 철저히 시민중심의 사업을 추진하는 것도 중요하다고 할 수 있다. 용역발주는 명확한 문제인식과 방향설정 위에 과업지시서가 작성되는 것이며 생산적인 결과물이 나오는 것이다.

제주건축의 지역성,
흐름과 변화

지역은 심리적 혹은 물리적 경계에 의해 확정되는 장소를 의미한다. 그 장소의 성격이 반영되어 있는 특징을 지역성이라 할 수 있다. 따라서 제주건축의 지역성은 제주라는 한정적이고 제한된 공간에서 구축되어 온 건축에 환경적 문화적 요소들이 투영되어 있는 특징이라 할 수 있다. 제주건축의 지역성 화두話頭는 제주사회의 변화와 밀접한 관련을 갖고 있다. 시기별로 제주건축의 지역성·향토성이 어떻게 변화되어 왔는지 살펴보자.

1950년대~1960년대: 제주건축의 지역성·향토성의 태동기

해방 이후 한국사회는 정치적 대립으로 큰 혼란을 겪게 된다. 동시에 국가재건과 발전을 위한 노력을 기울이는 시기가 1950년대이다. 그러나 불행하게도 한국전쟁으로 인해 국가재건에는 큰 타격을 입게 되고 전쟁피해복구라는 이중의 부담을 떠안게 되었다. 이후 1961년 5·16군사정권 이후 제주는 관광지로서 개발되기 시작하면서 급속히 변하게 되었다는데 5·16군사정권이 들어서면서부터 제주도에 최초로 아스팔트도로가 건설되고, 간이상수도가 설치되었다. 이러한 제주개발을 두고 물의 혁명, 길의 혁명이라고 표현하기도 하였다.

한국근대건축은 일제강점기를 거치면서 해방 직후 1945년 8월 17일 전국공업기술협의회 창립을 시작으로 자주적이고 독립적인 건축활동을 전개하게 된다. 이후 1945년 8월 25일 건축협의회 결성, 같은 해 9월 1일 조선건축기술단 결성, 그리고 같은 해 12월에 조선건축사회가 창립됨으로써 해방 원년에 국가재건시기에 상당히 활발한 조직결성과 함께 건축활동을 전개하였다.

시대별로 본 제주건축의 흐름과 변화

전후 재건기 / 부흥기 1945~1955	고도 성장기 1956~1973	안정 성장기 및 버블 경제기 1974~1990	저 성장기 및 장기 불황 1991~2010	재후 / 포스트 버블 2011~
전후 모더니즘	모더니즘 말기	포스트 모더니즘	슈퍼플랫	
· 군국주의 프로파간다 기능 극복 · 새 시대에 맞는 새로운 정체성 · 국제주의 모더니즘 양식	눈부신 경제성장에 걸맞은 초현대적인 미래도시의 비전 제시	일본의 탈근대성 서구 모더니즘의 대안으로 부상	· 국가라는 타자와의 분리 · 전후 모더니즘에 대한 비판과 도전 · 친환경성, 로테크, 공동체성의 가치 모색 · 대안주거와 라이프스타일	· 건축의 실천적 차원의 고민 · 존재론과 사회적 역할 · 방향성에 대한 근본적인 성찰

한국전쟁과 제1공화국 1950~1959	군사독재와 고도성장기 1960~1979	신군부의 통치와 3저호황기 1980~1992	민주주의의 시대 1991~2010	위기의 시대 2011~
근대건축의 태동	독재정권 프로파간다	모더니즘	포스트 모더니즘의 등장	
한국전쟁의 폐허복구가 한국 현대건축의 시작점	· 국가 주도의 메가스트럭처 건설 · 경제개발5개년계획에 의한 도시계획과 도심 재개발 사업	· 국제행사 유치, 신도시 계획 · 대형화, 고층화, 양적 팽창 · 건축의 사회적 운동과 본질에 대한 고민 · 4·3그룹의 등장	새로운 구조와 재료에 대한 도전 · 중규모 건축의 질적 변화 · 건축과 도시조직의 관계에 대한 고찰 · 본격적인 아파트 공화국 시대	· 동시대성의 등장 · 소규모 주상복합의 차별화 · 공동운영체제 · 업무영역 저변의 확대

1세대~ 1945년대	1945~ 1960년대	1970년대	1980년대	1990년대 말	2000년대	2010년대	2020년대
		1차 지역성 문제제기	포스트 모더니즘의 등장	2차 지역성 문제제기		건축에서 경관으로 시야확대(지역성의 새로운 전환점)	3차 지역성 문제제기
일제강점기 활동 무명의 한일건축가	일제강점기 건축교육 제주근대 건축의 초석	해방 전후 제도권교육 출신 (도외건축가의 모더니즘)	50년대 후반 이후 출생. 베이비부머	60년대 중후반 출생. 육지부 교육 출신, IMF 전후 제주활동	70년대 출생. 제주대학교 건축공학과(4) 출신, 육지부 교육 및 활동 경험 보편화	80년대 출생. 제주대학교 건축학전공(5) 출신, 육지/해외 활동 경험, 도외출신 건축사사무소	90년대 출생. 건축계의 다양화 다층화

출처: 가우건축사사무소, 2022년 오픈 세미나, 정민주 발표 자료.

해방 이후 건축계를 주도적으로 이끌어갔던 그룹은 일제강점기 당시 전문적인 건축교육을 받은 건축가들이었는데 국내의 경우는 경성고등공업학교京城高等工業學校 건축학과 출신과 국외의 경우는 일본으로 유학하여 체계적인 건축교육을 받았던 건축가들이다. 국외 유학파 건축가인 김한섭과 김태식은 일본대학 고등공업학교 출신들이며 김중업과 함께 제주건축에도 영향을 준 건축가이다. 이들은 근대건축의 원칙을 고수하면서도 제주건축이 가져야 할 가치에 대하여 설계작업에 투영하였다. 제주건축의 지역성, 향토성에 대한 씨앗을 뿌리기 시작한 것이다.

1970년대: 제주건축의 지역성·향토성의 태동기

　정부는 제주도를 관광지개발에 정책적 중심을 두어, 1972년 제주도종합개발계획단을 구성하여 1973년 제주도종합개발계획(1973년~1982년)을 발표함으로써 본격적인 관광지로서의 제주개발이 시작되었다. 60년대와 70년대의 관광지 개발붐은 제주지역의 낙후성 탈피와 지역경제의 활성화라는 측면에서 평가하여야 하겠지만, 개발 그 자체가 도민 주체가 아니라 중앙정부와 타 지역민의 자본에 의하여 주도된 것이었기 때문에 계층 간의 괴리감과 함께 건축의 지역성·향토성 상실로 이어지는 부정적인 측면도 안고 있었다.

　그러나 관광을 중심으로 하는 지역개발의 분위기가 무르익어가던 당시의 분위기와는 달리 지역성에 대한 건축적 논의는 거의 이루어지지 못하였던 사회적 분위기 속에서 제주건축의 지역성이 거론되기 시작하였던 것은 1975년 이후 당시 언론의 사설을 중심으로 전개되었다. 1976년 1월 초 제주신문의 「향토색의 올바른 진작(振作)」이라는 사설(1976. 1. 19.)을 통해 당시의 장일훈張日勳 도지사가 제시한 향토색의 진작에 초점을 둔 행정역점을 높이평가하면서 향토색을 갖기 위한 방안을 제시하기도 하였다. 특히 제주신문 사설(1977. 8. 11.) 「제주의 건축」에서는 보다 구체적이고 강한 어조로 제주도가 국적불명의 건축물로 난장판을 만들어 가고 있다고 비판하면서 제주의 전통건축을 현대적으로 승화 발전 시켜야 하며 아울러 사람들의 의식전환, 특히 관광 사업에 종사하는 사람들의 의식전환과 노력을 강조하였다. 제주건축의 지역성·향토성에 대한 논의가 처음으로 이루어진 1차 시기라 할 수 있다.

향토색이 있는 건축을 진흥시켜야 한다는
장일훈 지사의 정책에 대한 사설
제주신문, 1976년 1월 19일 자.

1970년대를 기점으로 건축활동을 하였던 건축가는 4년제 대학에서 체계적 건축교육을 받은 분들이다. 제주도가 관광지개발붐으로 성장하고 있었지만 여전히 육지부의 대학에서 대학교육을 받는다는 것은 경제적으로 지역적으로도 적지 않은 어려움이 수반되는 문제였다. 그럼에도 불구하고 제주지역에서는 전라도를 비롯하여 부산, 그리고 서울지역 소재대학의 건축학과에 진학하여 체계적으로 건축교육을 받게 된다. 이들은 1960년대와 1970년대 대학교를 졸업 이후 건축현장에서 경험을 축적한 후 대부분 1970년대에 사무소 개설을 통해 독자적인 건축활동을 시작하였다. 해방 이후 4년제 건축학과를 졸업한 이들은 1970년대 대두되기 시작한 지역성·향토성에 대하여 인식하기 시작하며 건축적 대응을 고민하지만 행동으로 이어지지 못하였다.

1980년대: 제주건축의 지역성 · 향토성의 모색기

1980년대에는 비교적 대형건축물이 많이 건축되었고, 70년대의 무비판적 개발에 대한 반성으로 제주건축의 지역성과 향토성에 대하여 보다 적극적으로 관심을 가지기 시작하였다. 1970년대의 무비판적 개발에 대한 반성으로 1980년대에 행정기관에서는, 지역적 건축문화의 형성을 위해 건축미관심의를 실시하고, 지역건축문화의 정착을 적극적으로 유도하기 위해 우수미관주택상(1981년), 제주특유주택설계공모전(1982년~1984년), 그리고 제주도 향토성 건축 보급방안연구(1987년) 등을 실시하기도 하였다.

이 시기에 새로운 세대의 젊은 건축가들이 활동을 시작하게 된다. 1980년대 민주화와 자유화의 물결 속에 국가적으로 사회적으로 새로운 가치관이 요구되었던 시기에 건축계의 작은 변화, 세대교체가 이루어졌던 시기이다.

1990년대: 제주건축의 지역성 · 향토성의 전개기

국제적 관광지로서의 제주지역개발을 국가차원에서 제도적으로 추진을 위한 제주도개발특별법 제정은 1990년대 제주사회의 핵심적인 사항이었다.

1960년대 부터 추진되어 왔던 제주도개발특별법은 제정과정에서부터 도민 및 시민단체들로부터 거센 반발과 저항을 받게 되었지만, 1991년 12월 31일 공포되었다. 1993년 7월 5일에는 환경·경관영향평가·지하수의 보존과 이용·관광진흥 기여금 모금을 근간으로 하는 특별법 시행 조례 안이 공포되어 본격적인 개발이 추진되는 계기를 마련하게 되었다. 특히 제주도개발특별법에서 주목할 만한 것은 국내 최초로 경관영향평가제의 도입이다. 급속한 개발에 의한 제주고유의 자연경관 훼손을 제어하며 지역의 정체성을 유지하기 위해 도입되었는데, 지역성을 바탕을 둔 건축 작업에 관심과 배려를 가지는데 일정 부분 기능과 역할을 하였다고 평가된다.

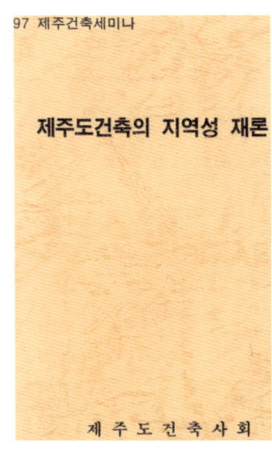

1997년 6월 13일 제주교육박물관에서 개최되었던 제주건축의 지역성 재론은 경관영향평가제도의 도입 등 사회변화에 따른 제주건축의 새로운 방향의 모색이었다.

이러한 사회변화에 대응하기 위해 제주건축사협회에서는 「제주건축의 지역성 재론」을 주제로 지역성·향토성에 대한 새로운 방향 모색을 위한 토론회를 개최하게 된다. 제주건축의 지역성·향토성 논의의 2차 시기이다.

2000년대: 제주건축의 지역성 · 향토성의 정체기(停滯期)

21세기 새 천년을 맞이하면서 제주는 국내외적으로 많은 변화가 있었고 변화를 시도하기 시작하였다. 대표적인 것이 제주국제자유도시의 추진이다. 제주도를 사람과 물자의 흐름이 자유로운 국제적인 자유도시로 만들기 위한 국가차원의 추진이다. 제주의 국제자유도시의 원만한 추진을 위한 7대 선도 프로젝트가 선정되었고 세부적인 내용이 확정되면서 조금씩 변화가 일고 있으며 도민들의 의식과 생활, 그리고 제주의 건축과 도시형태에 있어서도 크게 변하기 시작하였다. 전반적으로 1990년대까지 이어져왔던 지역성·향토성에 대한 논의는 상대적으로 축소되기 시작한 시기이다.

2000년대에 들어 제주의 도시와 건축의 모습을 크게 변하게 한 큰 계기는 대규모 집합주택단지의 조성과 그린벨트지역의 해체 그리고, 규제완화에 따른 고층사무소의 등장을 들 수 있다.

특히 도심의 대규모 집합주거단지 조성, 주거 및 오피스건축물의 초고층화는 쾌적하고 안정적인 주거공간확보, 그리고 지역경제 활성화측면에서 긍정적인 측면도 있었으나 제주 도시경관의 개성을 상실하게 하였다는 부정적인 측면이 더욱 크다고 할 수 있다.

이러한 사회변화 속에 1990년대의 경관영향평가제도를 보완하고 경관관리의 체계화, 효율화, 정착화를 위해 2009년 경관관리계획을 수립하여 정책에 반영하였다. 경관관리계획의 핵심은 「서사적 풍경」의 담론이었다. 제주건축의 지역성을 「건축에서 경관으로 시야의 확장성」을 가져주었다.

2009년 경관관리계획은 1990년대 경관영향평가제도의 체계화와 정착화를 위한 것으로 「서사적 풍경」의 담론이 핵심이었다. 제주건축의 지역성을 건축에서 경관으로 시야의 확장성을 가져주었다.

2010년대: 새로운 지역주의 태동기

2010년대 도시·건축분야의 주요 이슈는 도시디자인과 경관문제였다. 이는 지역성과 향토성이라는 건축적 문제에 국한시키지 않고 도시의 영역으로 확대하여 포괄적으로 들여다보려는 새로운 지역성과, 향토성의 접근으로 수용할 수 있다. 도지사 직속기구로 도시 디자인단이 구성되고 공공디자인이 핵심적인 주제가 되었던 시기이다. 특히 제주도 경관관리계획의 핵심적인 가치로 서사적 풍경으로 다루었던 점도 같은 맥락이다. 과거와 같이 제주의 물리적 공간을 건축과 토목영역에서 다루는 것이 아니라 건축과 도시 그리고 자연경관을 통합적으로 관리하려는 인식의 전환이었던 것이다.

동시에 국제자유도시의 추진은 제주사회를 정치적, 사회적, 공간적, 경제적으로 큰 변화를 가져오게 된다. 특히 2010년을 기점으로 순유입인구의 증가(142쪽 참조)와 대규모관광개발로 인한 거대자본의 유입은 제주건축계에게 새로운 도약의 기회제공이자 난개발이라는 부작용의 문제에 직면 하면서 새로운 과제로 남아 있다.

한편 1990년 후반에 국제통화기금IMF (International Monetary Fund)에 의해 관리를 받아야 하는 국가적으로 어려운 시기에 제주에 귀향 후 개인설계사무실을 개소하여 건축가로서 새로운 도전을 시작하였던 건축가들이 건축계의 중심적 활동그룹을 이루면서 건축활동의 확장성을 보이기 시작하였다. 이들은 제주라는 공간에 머물러 있던 지역성 논의의 틀을 아시아지역으로 시야를 넓혀 지역성논의를 확장시키려는 구상을 갖기 시작하였다. 2000년대 제주건축의 지역성을 「건축에서 경관으로 시야를 확장」시켰다면, 2010년대에는 「논의의 범위와 공간의 확장」으로 이어지게 되었다. 국제건축교류를 통해 제주건축의 지역성·향토성 논의의 다원적, 다층적 접근은 높이 평가할 부분이다.

2020년~현재: 새로운 지역주의 탐색기

2022년 9월 1일 제주에서 개최된
건축사대회 포스터

2022년 제주에서 개최되었던 건축사대회의 제주섹션에서는 지역성 재론을 주제로 21세기 사회 변화 속에 제주건축은 어떻게 변화되었고 어떠한 방향으로 가야 하는지 논의가 있었다. 지역성이라는 큰 틀에서 본다면 1970년대의 1차 지역성 논의에서 1990년대 2차 지역성 논의에 이어 3차 지역성 논의라 할 수 있다. 과거 50년의 궤적을 통해 지역성 논의 과정을 통해 제주건축은 형태와 공간, 재료, 경관적 요소 등 다양한 틀에서 진화 발전하여 왔다고 생각된다. 지역성이라는 것은 고정된 개념이 아니라 사회변화의 적극적 대응이라는 건축본질에 충실하면서 다양한 형식으로 변하는 것이다. 이제 제주건축은 새로운 지역성을 탐색하고 있는 시점이다.

그 연장선에서 공공건축에 민간전문가가 참여하는 제도의 도입은 큰 의미를 갖는다. 공공건축의 공공성을 높이고 건축가의 전문성을 활성화 측면에서 관행처럼 이어져 오던 공공건축의 생산방식을 전환시키는 제도이다. 지역성·향토성으로의 직접적인 연계성을 갖기에는 한계가 있을 것이다. 제도가 정착되어 지속성을 갖는다면 제주건축의 새로운 지역성·향토성의 실험적 시도들이 표면화될 것으로 기대한다.

장소와 자본의 공공성

- 사회변화속의 공공성 재발견 -

　공공성, 특히 장소와 자본의 공공성은 대규모 개발과는 항상 충돌되는 문제이다. 좋은 사례가 오라관광단지개발사업이다. 제주 역대 최대 규모의 개발 투자인 오라관광단지개발사업은 투자규모와 개발 장소로 인해 제주사회의 큰 이슈와 논란이 되었고 제기된 논란의 핵심은 아직까지 해결책을 찾지 못한 채 진행형이다. 오라관광단지개발사업과 관련하여 2017년 1월 20일 제주사회협약위원회 주관으로 개최되었던 토론회는 여러 가지 의미와 과제를 남겼다. 제주특별자치도청과 시민단체 간에 논쟁이 되었던 오라관광단지개발 대토론회 개최 여부를 두고 대립하였던 터라 행정과 시민단체의 토론회는 사회적 합의를 이끌어내는 과정에 매우 의미 있는 것이었다. 그럼에도 불구하고 시민단체를 중심으로 제기되어 왔던 쟁점 사항을 중심으로 찬성 측과 반대 측으로 구분된 단답식 토론은 깊이 있는 토론으로 이어지는데 한계가 있었다는 지적이 있다. 안타깝게도 토론회에서는 오라관광단지개발로 인해 논란이 되는 장소적 가치 혹은 환경적 가치, 그리고 자본에 대한 논의가 집중적으로 이루어지지 않았던 점은 사회적 합의와 틀에서 볼 때 아쉬운 부분이다. 토론회 과정에서 오라관광단지개발을 둘러싼 문제 해결의 대안으로 필자가 제시하였던 것은 「장소와 자본의 공공성」이었다.

제주사회협약위원회 주관으로 개최된 오라관광단지개발사업 토론회 모습
출처: 일간제주 2017년 1월 20일 자 인터넷기사.

　먼저, 「장소의 공공성」 문제이다. 오라관광단지 개발지역의 주변 일대는 지하수, 경관, 생태 등 공공자원이 집약되어 있는 지역으로, 제주도 스스로가 유네스코에 신청하여 세계적으로 생물권보전의 가치를 높게 평가받는 공공적 성격이 매우 높은 지역이다. 그렇기 때문에 공공성과 민간자본에 의한 개발이익 추구가 상충하지 않은지, 향후 유네스코가 대규모개발행위에 대해 이의를 제시할 경우 어떻게 대응할 수 있는지 공공성에 대하여 집중적으로 논의했어야 했던 것이다. 토지주 참여형식 혹은 국공유지 활용형식 등으로 시너지 효과를 거둘 수 있는 다양한 개발가능성을 논의할 필요성은 없었는지 생각해 볼 문제이다.

「자본의 공공성」 역시 같은 맥락에서 논의될 필요성이 있었다고 생각된다. 이미 자본에 대해서는 2016년 10월 주중국대사관 국감에서 강창일 전 의원이 중국자본의 자금출처와 지배구조의 불투명성에 대하여 우려를 제기하였고 같은 해 12월 말 원희룡 전 도지사는 언론과의 인터뷰에서 오라관광단지개발에 대한 자본을 검증하겠다는 의지를 피력하기도 하였다. 개발의 가능성과 투자의 효과성을 보고 투자를 결정한 개발자의 입장에서는 부당한 사항으로 인식할 수밖에 없을 것이다. 이러한 문제를 해결하기 위해서는 「자본의 공공성」, 즉 도민자본의 참여에 대한 논의가 필요하다고 생각된다. 이른바 도민자본론은 이미 원희룡 도정 때 2015년 1월 공기업을 통한 투자와 사업확장의 필요성과 조 단위 이상의 사업을 1, 2개 정도 만들어가는 구상을 통해 이미 밝힌 바 있고 같은 해 12월 말에는 도청시책공유 간부회의에서 공기업과 출자출연기관의 역할을 강조하면서 구체적인 도민자본론을 제시한 바 있다. 제주개발공사의 경우 매출이익이 약 700억 원 정도이고 조 단위의 개발사업을 충분히 감당할 수 있는 규모의 지방공기업이어서 6조 원 규모의 오라관광개발사업에도 참여함으로써 일정 부분 「개발의 공공성」을 확보하는 것도 가능하리라 생각된다. 즉 리조트뿐만 아니라 쇼핑아웃렛과 면세점 등 복합개발에 제주개발공사의 참여를 통해 최소한의 공공성을 확보하고 개발이익을 도민들에서 환원하는 선순환적인 개발사업으로 전환하자는 것이다. 투자자 입장에서는 개발이익이 축소되지만 공적자금이 투입됨으로써 개발사업에 대한 신뢰성을 확보하여 장기적이고 안정적인 투자사업을 유지할 수 있고 행정과 도민의 입장에서는 개발이익이 지역사회에 환원된다는 점에서 상생의 틀을 가질 수 있을 것이다.

케이블카 콤플렉스

2022년 6월 우도牛島와 성산읍을 잇는 4.53㎞의 케이블카 설치계획서가 도청에 제출되었다가 9월에 최종 반려되었다고 한다. 이 소식을 접하며 가장 먼저 생각나는 것은 과거의 논란이 되었던 한라산, 비양도의 케이블카 설치사업들이다. 끊이지 않는 케이블카 설치사업의 계획 추진은 어디에서 기인하는 것일까? 제주에서 케이블카 설치가 공식적으로 논의되기 시작한 것은 1961년 5·16군사혁명정부가 들어선 후 조직된 국가재건최고회의國家再建最高會議[5]에서 임명, 파견되었던 김영관 전 도지사 시절로 거슬러 간다. 김영관 전 도지사는 1963년 1월 도정발표에서 일주도로 확포장을 비롯하여 항만확장, 제주시와 서

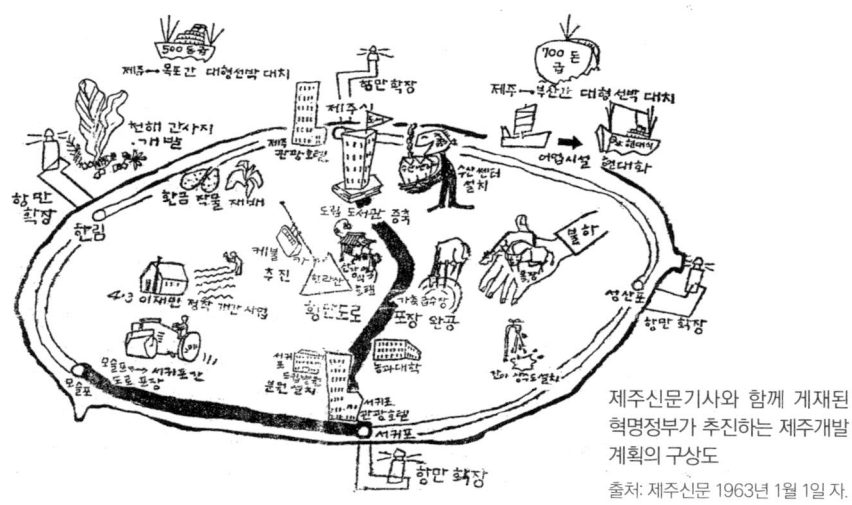

제주신문기사와 함께 게재된 혁명정부가 추진하는 제주개발 계획의 구상도
출처: 제주신문 1963년 1월 1일 자.

---

5   1961년 5·16군사혁명 이후, 내각을 총사퇴시키고 행정, 입법, 사법의 3권을 가진 국가재건최고회의를 출범시켰다. 초헌법적 조직으로, 초기에는 윤보선 대통령이 자리를 유지하였으나 곧 하야하여, 이후 박정희가 의장으로서 실질적인 권력을 유지하였다.

귀포시에 관광호텔 신축 등 종합개발계획을 발표하였다. 주목할 것은 계획 속에 한라산에 케이블카 설치계획이 포함되어 있었다는 것이다. 한라산을 최고의 관광지로 조성하기 위해 검토한 다양한 개발방식 중의 하나가 케이블카였다.

당시만 하여도 관광은 인위적인 개발을 통한 유흥과 놀이 중심의 공간개발이 관광의 주류를 이루었던 시대였기에 한라산 정상으로 향하는 케이블카 설치는 다른 관광지와 차별화되는 중요한 관광개발의 수단이 되었을지 모른다. 다행히 무슨 사연인지 모르겠으나 한라산케이블카 설치는 다시 백지화되었다.

이후 수 십 년이 지나 2009년에 들어서 다시 한라산 케이블카 설치가 제주사회의 논란되었다. 당시 환경, 경관, 경제분야전문가로 TF를 구성하여 타당성을 검토하였고 김태환 전 도지사에게 전달한 건의서의 내용은 다음과 같았다.

첫째, 검토대상이 되었던 영실노선 시점부 권역의 시설들로 인해 천연림 훼손이 큰 환경적 영향요인이며.
둘째, 중간지주 설치와 종점부 시설로 인해 한라산 아고산대의 자연생태계를 대표하는 선작지왓의 큰 훼손이 우려된다.
셋째, 한라산 정상 및 선작지왓의 근거리 경관훼손이 크고 1100 도로에서 바라보는 중거리 경관 또한 지주구조물의 노출정도가 크다.
넷째, 한라산 로프웨이는 환경보호시설보다 이용시설로써의 성격이 크기 때문에 한라산의 보전을 위한 다양한 대안검토가 필요하다.

전문가 TF의 건의서를 전달받은 김태환 전 도지사는 한라산케이블카 설치를 백지화하였다. 경제적 관점보다는 경관과 환경훼손의 우려를 수용한 것이었다. 수년이 지난 지금 매우 현명한 결정이었다고 생각된다. 이어서 2013년에는 비양도 케이블카 설치사업 계획이 제주도에 제출되었지만 논란이 되었으나 이 역시 비양도 케이블카 선로가 절대보전지역 상공을 통과하는 계획으로 인해 백지화되었다. 수년이 흘러 이제는 우도 케이블카 계획이

다시 표면화되었다가 계획이 취소되었다는 점을 제주사회에서는 어떻게 받아들여야 하는 것인가? 우도는 소가 머리를 내밀고 누워 있는 형상에서 붙여진 것처럼, 땅이 만든 지형과 풍경, 그리고 바다와 함축되어 있는 장소이다. 2019년 해양국립공원 지정을 반대하면서도 연륙교와 해중전망대 설치, 케이블카 설치와 같은 인위적인 관광시설물을 설치해야만이 개발되고 발전한다는 강박관념이 남아 있는 것 같다. 제주사회에 여전히 케이블카 콤플렉스가 있는 것이 아닐까!

우도 해안에서 바라본 성산일출봉. 케이블카 설치로 해안경관의 훼손과 경관의 사유화가 논란이 될 우려가 크다.

우도의 돌담과 유채꽃 풍경. 위로 지나는 케이블카로 인해 하늘과 땅, 유채의 색이 어우러진 우도 고유의 풍경도 훼손될 가능성이 높다.

행정의 문화정책과 시민 문화인식의 한계

- 철거만이 능사인가? -

2016년 6월 20일 자 한라일보 진선희 기자의 백록담 기사는 제주사회가 직면해 있는 문화정책과 시민의 건축문화 인식의 한계를 보여주는 내용이었다. 핵심적인 사항은 크게 2가지, 제주시민회관을 문화재로 등록하겠다는 문화재청에 대해 제주시청은 반대하는 공문을 제출할 것이라는 내용, 그리고 재건축하여 복합상가나 행복주택으로 조성한다는 구상의 내용이다. 또 다른 가능성에 대한 검토는 왜 하지 않았을까 아쉬움이 있었던 기억이 있다. 먼저, 문화재 지정의 문제이다. 등록문화재는 내부변경을 비롯하여 원형을 크게 변형시키지 않는 범위에서 비교적 자유로운 개발행위가 허용되기 때문에 재산권 침해가 크지 않은 편이다. 옛 제주도청사였던 현 제주시청사도 등록문화재로 지정되어 제주 행정변천사뿐만 아니라 관련 건축가의 이야기가 덧씌워짐으로써 교육과 관광자원으로서의 가능성을 찾을 수 있다.

잘 알려진 바와 같이 제주시민회관은 문화시설이 편편치 않았던 1960년대 제주시민의 문화에 대한 갈증을 조금이나마 해소할 수 있었던 유일한 대규모 문화시설일 뿐만 아니라 해방 이후 1세대 건축가인 김태식에 의해 설계된 제주최초의 철골구조라는 측면에서 건축적 의미도 크다. 그런데 문화재의 보존과 관리업무를 다루는 중앙정부의 문화재청이 선정하려는 움직임에 반대의견의 공문을 보냈으니 중앙정부가 제주시를 어떻게 평가했을까 걱정스럽다. 오히려 어떠한 활용방안으로 대응할 것인가 고민했었다면 하는 아쉬움이 있다. 특히 지역주민의 철거의견이 있어서 단순히 철거해야 한다는 의견수렴과정의 문제, 그리고 이를 근거로 문화재청에 문화재 등록 반대공문을 보내는 문화정책적 판단의 문제점도 지적하지 않을 수 없다.

두 번째 문제인 철거 후 신축은 좀 더 깊이 생각할 필요가 있을 것이다. 2023년 철거예정인 제주시민회관 부지에는 복합 문화·체육시설이 신축될 예정이다. 복합 문화·체육시설의 신축으로 주변지역이 활성활 될 것인지 여부에 대해서는 좀 더 다양한 주변여건을 시야에 넣고 검토할 부분이다. 제주시민회관의 부지에 건축될 복합 문화·체육시설 건설은 적지 않은 규모여서 주변의 도로여건을 고려할 때 심각한 교통난을 유발시킬 가능성이 크다. 지역활성화는 단순한 재건축만으로는 한계가 있을 것이다.

1995년 10월 2일 옛 제주대학 본관, 2012년 12월 25일 옛 제주시청사가 철거되었다. 단순한 건축물의 철거가 아니라 제주교육과 행정의 역사, 이야기가 사라진 셈이다. 좋은 도시는 오랜 기억과 추억, 그리고 흔적을 간직한 도시이다. 여기에는 역사와 문화, 그리고 사람들이 살아온 삶의 이야기가 담겨져 있기 때문이다. 오래되고 낡고 허름한 건축에는 그러한 요소들이 녹아 스며져 있다. 그렇기 때문에 공공건축물의 철거에는 신중해야 하는 것이다.

2012년 12월 25일 철거가 진행 중인 옛 제주시청사의 모습
제주출신 건축가 박진후에 의해 설계된 공공건축으로 현재의 제주시청(옛 제주도청사)과 함께 제주 행정의 역사를 보여주는 근대건축물이었다.

2013년 3월 6일 철거되는 카사 델 아구아

멕시코 건축가 리카르도 레고레타가 설계한 모델하우스였던 카사 델 아구아는 가건물 조치 연장이 되지 못해 철거되었다. 당초 제주도에서는 철거 후 설계도를 토대로 복원한다고 하였으나 10년이 지난 현재까지 약속이 이행되지 않고 있다.

제주시민회관의 철골구조물

해방 후 1세대 건축가인 김태식에 의해 설계된 제주시민회관은 대형 문화시설이 없었던 1960년대와 1970년대의 문화예술을 향유했던 대표적인 문화시설이다.
특히 제주시민회관은 최초의 철골구조로 시공되어, 공간계획과 기술계획 측면에서 역사적 가치가 큰 근대건축물이다.
그러나 보존을 위한 다양한 논의를 가져 보지도 못한 채 2023년 철거될 예정이다.

2020년 12월 22일 철거 중인 서귀포시민회관

철거 당시 촬영한 서귀포시민회관 현판. 이 현판 역시 건축물만큼이나 귀중한 역사물이다. 철거과정에서 폐기물로 처리되었을 것이다.

어린이교육시설의
패러다임전환을 기대하며

　제주시 학생문화원 자리에 교육청의 제주어린이도서관이 2022년 준공되었고 2년 후에는 옛 회천분교 자리에 유아체험교육원가칭이 선보일 예정이다. 제주어린이 도서관의 애칭은 「별이 내리는 숲」이고 유아체험교육원도 애칭이 붙여질 것이다. 이제까지의 교육시설 계획 및 공급방식과 달리 기획단계서부터 교육과 건축이 접목된 어린이를 위한 교육시설의 새로운 구상과 시도라는 측면에서 평가할 부분이다.

　사실 뒤돌아보면 어린이들이 생활하는 주변 환경 특히 교육환경에 대해 너무 무관심했던 것이 아닌지 한 번쯤 되새겨 볼 부분이 많다. 불행하게도 우리들의 생활수준에 비해 교육환경은 그에 미치지 못한 것이 우리의 현실이다. 그러나 우리 사회가 크게 변해 가고 있다. 공간에 대한 요구도 크게 변하고 있다. 이제 교육시설계획에 있어서 사용자를 소비자적 관점에서 바라봐야 한다는 생각이다. 공간소비는 다양화, 세분화, 복잡화되어 공간계획의 방법과 주체의 참여가 더욱 중요한 시대로 변해 가고 있다. 우리나라는 교육방식이 다양하게 변화되어 왔음에도 불구하고 학교건축은 이를 따라가지 못하였다. 특히 교육공간의 절대적인 소비자인 학생들의 신체적 발달과 의식, 요구의 변화를 수용하는 의사결정과정이 없었던 탓에 교육공간에 대한 소비자들의 만족도는 그다지 높지 않았기 때문이다.

　제주어린이 도서관은 제주도서관 직원들의 현장경험에서부터 아동들의 설문조사에 이르기까지 다양한 의견들이 반영된 결과물이라 할 수 있다. 그래서 제시된 설계의 기본개념이 삼각형의 프리즘Prism이라는 기하학적 형태

속에 빛이 투과되면서 내부 공간이 빨주노초파남보라는 아름다운 색상으로 분산되는 무지개의 색이다. 지하부터 4층 공간으로 확산되며 층별로 재구성되어 층별 색상은 이용할 아동의 연령에 맞춰서 구성하고 외부에서는 궁극적으로 하나가 되는 그런 공간적 의미를 갖고 있다. 특히 형태적에 있어서, 다소 수줍게 얼굴을 내민 원뿔은 설계 초기 별빛 등대로 이름 붙인 열람공간이었으나 공모를 통해 「별이 내리는 숲」으로 이름 붙여졌다. 무지개 색과 빛, 그리고 별빛, 아름답고 의미 있는 단어들이다.

제주어린이도서관의 외관
붉은 벽돌로 마감처리되어 중후한 느낌이며 프리즘형식의 삼각형 틀과 벽돌사이의 틈으로 스며드는 빛과 풍경으로 독서공간의 분위기를 풍부하게 할 것이다.

1층 열람공간이 핵심적인 장소이며 붉은 벽돌로 형성된 삼각형의 틀을 통해 원풍경을 즐길수 있는 공간이다.

또 다른 어린이교육시설인 가칭 유아체험교육원도 설계과정을 끝내고 본격적인 공사에 들어갈 예정이다. 제주어린이 도서관과 달리 유아체험교육원들에 대해서는 육지부의 유사시설에 비해 과도한 사용예산, 놀이구성의 부족함, 접근의 불편함의 비판 목소리가 있는 것 같다. 그러나 비교대상의 육지부 유아시설과는 조성배경이나 조성공간의 규모, 놀이프로그램의 구성 등에 있어서 단순비교, 평가하는 것은 논리적이지 못하다. 특히 유아체험교육원이 지향하는 가치는 시설중심이 아니라 놀이를 통한 유아들의 정신적 육체적 발달을 이끌어 내려는 실험적 시설공급, 교육적 시도라는 측면에서 평가할 부분이다. 그 이유는 건축시설물의 크기와 놀이기구의 개수 비교만으로 유아교육의 질을 높일 수 없고 예산의 효율성을 비교할 수 없기 때문이다.

교육청의 교육공간혁신 총괄로 지내며 일정 부분 어린이시설계획에 관계했던 필자로서 제주어린이도서관과 유아체험교육원에 조성된 다양한 놀이환경 속에서 받았던 영감과 체험들이 자신의 생활과 또 가족과 친구 등 타인과의 삶에 있어서 큰 밑거름이 되어 우리 어린이들의 몸과 마음을 따스하고 포근하게 만드는 휴식의 공간으로 자리매김하기를 바라는 마음이다.

04

제4장 시민에 의한 시민을 위한 도시건축

과거 도시계획이 외연적 확대 지향적이었다면 이제는 축소 고밀화하는 방향으로 전환되고 있는데 이러한 움직임의 전반적인 경향, 방향을 콤팩트시티 혹은 압축도시라 부른다.
콤팩트시티가 지향하는 목표는 도심 내 집약개발을 통한 외연적 확산
억제하여 편리성, 접근성, 환경성을 확보하면서 경제적 사회적으로 지속성을 갖는 것이었다.
특히 코로나확산은 집단중심에서 개인중심으로 전환, 대면중심에서 비대면중심으로 사회 활동의 중심이 변화되고 있고 삶의 방식도 크게 변화시켜 도시의 공간도 크게 변화될 수밖에 없다.

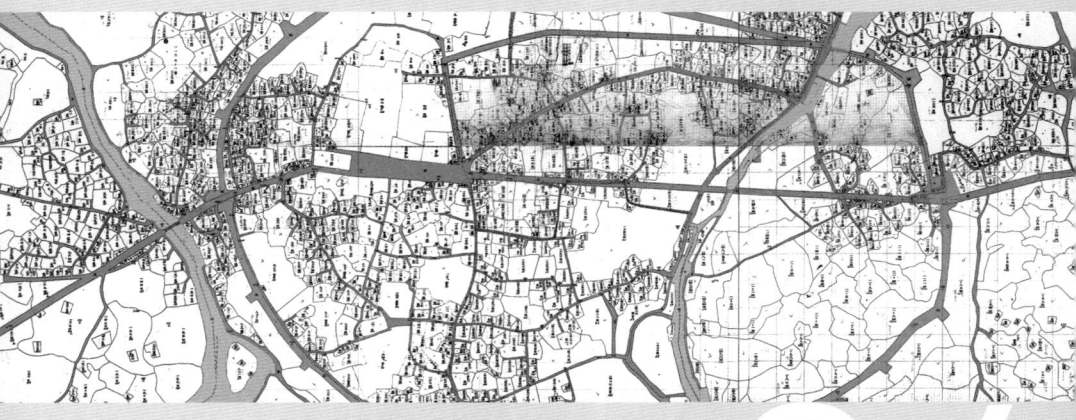

콤팩트한 삶이 수용될 수 있는 보행중심의 지역사회는
어떠한 지향점을 가져야 하는지 고민할 시점이다.

100주년 제주도시계획과 콤팩트시티

 일제강점기 이후 도시화·근대화 과정 속에 제주시는 한국전쟁 중이던 1952년 3월 내무부 고시 제26호 도시계획을 결정, 고시하게 된다. 제주 최초 도시계획이 수립되어 체계적인 도시관리를 추진하게 된 것이다. 2022년은 제주도시계획사 70주년이 되는 해이다. 1952년 수립된 제주시 시가지계획은 기존도로 폭의 확대, 신규도로의 개설, 그리고 사거리를 중심으로 하는 도로망 구축을 중심으로 도시를 확장하는 계획이 핵심이었다. 이 시가지계획은 착실히 추진되어 지금의 도로체계로 이어지고 있다. 도로망 구축

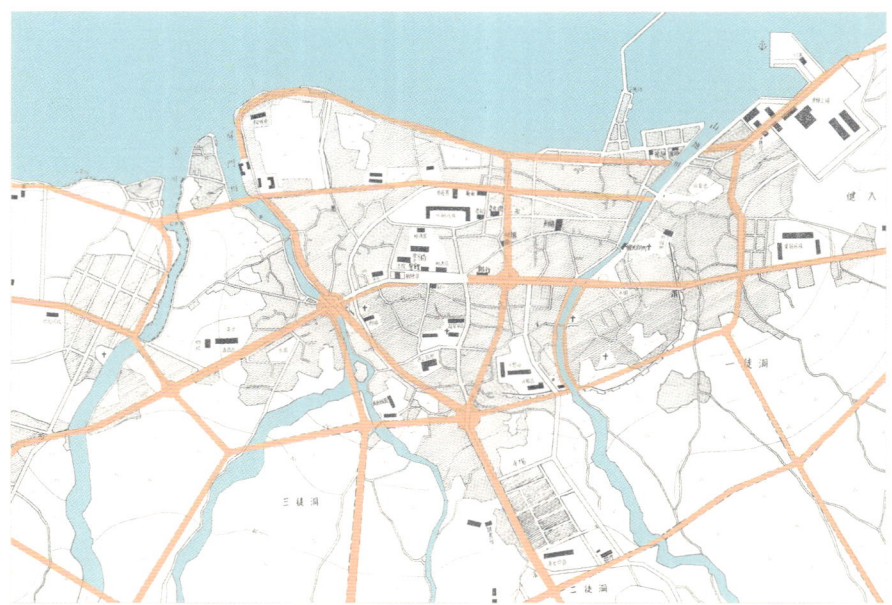

1950년대 말 제작된 제주시가지 지도
출처: 제주대학교박물관, 제주고지도 -제주에서 세계를 보다-, 2020년, 184~185쪽.

과 거주지의 신규조성을 통한 외연적 확산은 일정 부분 도시의 성장 틀을 마련한 긍정적인 부분도 있으나 제주읍성을 중심으로 오랫동안 유지되어 왔던 원도심 공간구조와 역사문화자원들이 훼손되거나 소멸되는 구조적 한계도 있었다. 대표적인 것이 남문사거리와 중앙사거리 조성과 이를 연결하는 직선화된 도로, 동문에서 서문으로 이어지는 도로 폭 확대로 인해 옛길의 공간구조와 질서가 크게 변형되었고 또한 거주지 확산으로 남아 있었던 성곽도 철거되거나 훼손되었다.

1853년 나폴레옹 3세에 의해 시작된 오스만 남작의 파리도시구조개혁은 오늘날 파리의 근간이 되었다. 오스만은 도시를 유기체적인 관계로 인식하여 도로체계, 녹지, 미관, 도시행정 등 도시건설과 운영전반의 구조개혁을 통해 근대화된 도시 파리를 재탄생시킬 수 있었던 점은 우리에게 시사하는 바가 크다.

1952년 수립된 제주시가지계획도
사거리를 중심으로 직선화된 도로계획이 눈에 띈다. 이러한 계획은 착실히 추진되어 지금의 도로체계를 형성하게 되었다.
출처: 제주시, 제주도시계획40년사, 1994년.

선거철 정치 후보자들이 도시 관련 다양한 공약을 제시하고 있는 것을 보면서 우리들의 삶에 대해 고민해야 할 부분이 많다는 생각이 든다. 정치와 우리의 삶은 별개의 문제가 아니라 항상 한 몸처럼 밀접한 관계를 맺고 있기 때문이다. 그렇기 때문에 정치인들이 쏟아내는 많은 이야기에 민감하게 반응하는 것도 그러한 관계와 영향 때문일 것이다. 2020년 보궐선거 후보자 공약의 핵심은 도시와 주거의 문제를 비중 있게 다루고 있는 것 같다. 시대적 문제를 반영하는 부분도 있고 도시와 주거가 우리 삶에 중요한 부분임을 보여주는 것이기도 하다. 그중에서도 콤팩트시티에 대한 언급도 눈여겨볼 필요가 있다. 과거 도시계획이 확대발전 지향적이었다면 이제는 축소 고밀화하는 방향으로 도시계획의 패러다임이 크게 전환되고 있기 때문이다. 콤팩트시티가 지향하는 목표는 도심 내 집약개발을 통한 외연적 확산 억제하여 편리성, 접근성, 환경성을 확보하면서 경제적 사회적으로 지속성을 갖는 것이었다. 저출산고령화로 인한 지역기능의 쇠퇴 속에 코로나확산은 가치관과 삶의 방식을 크게 변화시키고 있다. 1인 및 2인 가구의 급속한 증가, 소비력과 노동력의 저하, 개인화와 비대면화 같은 삶의 방식이 크게 변화되고 도시의 공간도 크게 변화시킬 것이다. 독립적 고립적 삶의 보편화, 네트워크적인 인간관계와 같은 콤팩트한 삶이 수용될 수 있는 도시의 공간 구조는 어떠한 지향점을 가져야 하는지 고민할 시점이다. 100주년 제주도시계획의 완성을 위해 주거문제, 직주근접職住近接문제, 에너지문제, 환경녹지문제, 교통문제를 하나의 유기적인 관계에서 새롭게 도시공간구조를 정비해 가야 한다.

왜 제주에 사람들이 몰려드는가? 그것은 적어도 제주라는 지역에서의 삶이 조금은 여유로울 수 있을 것이라는 믿음과 기대 때문일 것이다. 믿음과 기대, 확신은 제주에서만 느낄 수 있는 특별함에서 시작되는 것이다. 이제는 미래를 내다보고 장기적으로 대응해야 할 전환기에 직면해 있다. 그렇기 때문에 다음과 같은 원칙적인 방향으로의 제주 도시건축의 패러다임전환이 필요하다고 생각된다.

첫째, 인구 100만을 위한 계획에 초점을 두기보다는 제주의 환경에 적절한 인구규모에 대한 논의가 필연적이라 생각된다.

둘째, 급속적이고 과도한 개발을 막기 위해서는 개발밀도를 낮춰야 한다. 도시와 농촌, 그리고 중산간 지역의 특성이 살아날 수 있도록 지역적 여건을 고려한 개발밀도를 유도할 필요가 있는 것이다. 경제활성화라는 이름으로 완화된 건축물의 고도, 건폐율과 용적률 등을 강화할 필요가 있고 지역의 특성이 반영된 지구단위계획으로 도시를 관리해야 할 것이다.

셋째, 제주건축의 지역성과 현대성을 유도할 수 있는 건축 심의 기준 설정과 확산을 위한 제도개선이 뒤따라야 할 것이다.

넷째, 주차장법을 더욱 강화할 필요가 있다. 차고지 증명제의 도입뿐만 아니라 실질적인 주차 가능한 계획이 되도록 심의를 강화할 필요가 있다. 규제와 아울러 도심과 주요 거점지역을 연결하는 트램의 도입 등 시민의 편의성 재고도 병행되어야 할 것이다.

다섯째, 보행자 중심으로 가로의 보행공간을 더욱 확대할 필요가 있을 것이다.

여섯째, 도시 내 녹지공간을 더욱 확대해야 한다. 특히 기존 공원들을 연결하여 그린 네트워크화 등을 통해 시민들에게 쾌적한 보행환경을 제공할 필요가 있다.

일곱째, 보행권을 기반으로 생활권역을 재정비해야 한다. 불필요한 자동차 이용을 줄이고 편의성을 갖도록 생활공간을 재정비할 필요가 있다. 제주에서 사는 즐거움이 색다른 환경을 만들어가는 개념의 틀이 크게 변해야 하기에 전환기의 이 시기가 조급하게 느껴진다. 행동과 실천이 그래서 더욱 중요한 것이다.

문화와 자연기반의 시민생활공간 제언[6]

지역분산형 공공임대주택의 확대

심화되는 저출산·고령화의 문제는 단순히 고령자의 인구증가문제가 아니라 젊은 인구층이 감소하는 현상에서 기인하는 것이다. 젊은 인구층 늘어나기 위해서는 신혼부부나 청년층에 대한 취업난 해소와 안정적인 주거가 보장되어야만 결혼과 출산이 자연스럽게 이어지는 것이다. 특히 주택은 거주의 연속성과 안전성, 그리고 노년기에는 주거의 요양 및 재활적 기능을 갖기 때문에 주거와 복지는 밀접한 연관성을 가진다고 할 수 있다. 그렇기 때문에 취업난 해소 못지않게 청년들의 주거문제 역시 중요하며 국가적 책임이 뒤따라야 하는 것이다. 행복주택도 그런 배경에 제안된 정책이기는 하지만 신혼부부와 청년에게 디딤돌이 될 수 있도록 다세대 교류형 공공임대주택, 토지임대부 사회주택, 지역형 코어하우스 등 다양한 공공임대주택을 적극적으로 제공하여 취업난 해결과 결혼, 그리고 출산율을 높이는 선순환적인 연결고리를 만들어 가야 할 때이다. 특히 지역균형적인 발전을 위해 읍면지역을 중심으로 공공임대주택을 확산하되 교육과 문화시설 등 사회 인프라와 복합화 혹은 네트워크화하여 생활서비스의 질을 높일 수 있도록 조성한다면 균형발전과 인구분산 등 파급효과가 클 것이다.

---

6 한라일보, 한라일보 30주년 기념책자, 2019. 의 내용 중 필자의 글을 정리한 것임.

보행환경중심의 공원과 그린웨이Green Way 조성[7]

건축 행위는 인간의 생활을 위해 만들어지는 인조환경이며, 이러한 행위 그 자체는 자연환경을 파괴하는 결과로 연결되기 쉽다.

이를 위해 도시 속에 오픈 스페이스의 확보가 필요한 것이다. 기본적으로 오픈 스페이스는 주거생활 이외에 다양한 도시민의 생활을 유도하기 위해 도시 속에 독립된 수림지, 초지 등으로 구성된 공공성이 강한 녹지화된 개방적인 공지이다. 수림지로 구성된 오픈 스페이스가 공원녹지이며 일반적으로 도시공원이라고 부르고 있다.

이러한 도시 속 오픈 스페이스를 연결하여 쾌적한 보행환경을 확보하고자 하는 것이 그린웨이이다. 제주시의 경우, 3대 하천이 남북으로 흐르기 때문에 이를 이용하여 동서의 기존 간선도로를 연계하여 활용하는 것도 도입 가능한 방안이라 생각된다. 예를 들면 제주시 원도심을 지나는 3대 하천을 남~북(세로 방향)으로 이어지는 자연생태축으로 하여 동식물 생태계의 흐름이 자유롭도록 유지하고, 가로 방향으로 녹색환경망그린웨이을 조성하고 기존에 조성된 어린이공원 및 근린공원과 연계하도록 하는 것이다. 특히 그린웨이 조성에는 보행환경조성도 중요하기 때문에 기본적으로는 학생들의 안전한 보행환경조성을 위해 학교의 주변길과 연계하되 사회적 약자인 어린이와 임산부, 노인들의 보행환경도 고려하여 조성함으로써 정주환경 조성의 파급효과를 높일 수 있다고 생각된다.

---

7 2016년 한국은행 제주지역본분의 지원에 의해 수행된 「제주의 지속성장 및 제주관광의 고품격화를 위한 도시디자인 전략 – 3대 하천을 활용한 그린웨이 조성을 중심으로 –」의 내용 일부를 정리한 것임.

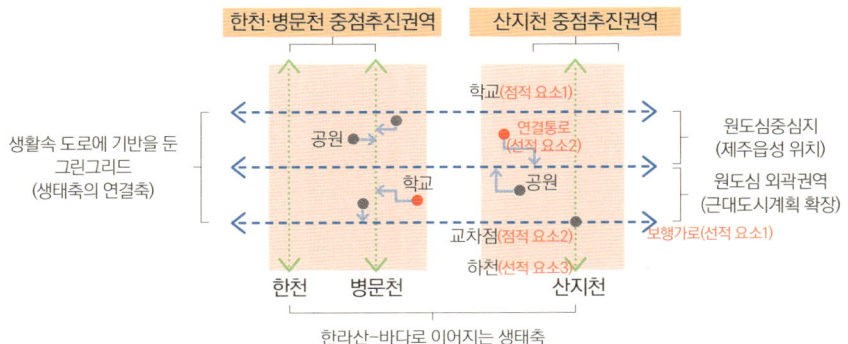

제주 하천의 기능과 역할, 그리고 도시생활공간의 문제점 등을 종합적으로 고려하여 생태축인 하천과 도로에 의해 형성되는 그리드화된 공간에 「보행」과 「녹지」를 핵심공간으로 구축하는 그린웨이 계획개념.

안전하고 쾌적한 보행환경 만들기

주거환경의 정비 및 개선에서 무엇보다도 중요한 것은 고령자 및 어린이, 임산부 등 사회적 약자 자신들의 「이동에 대한 안전하고 편리한 접근성의 보장」이라고 할 수 있다. 일반적으로 에스컬레이터, 엘리베이터, 휠체어 대응 자동차와 같은 설비적인 측면에서의 접근과 경사로, 평탄한 길 조성과 같은 비설비적인 접근을 모색해 볼 수 있을 것이다. 궁극적으로는 유지 및 관리에 대한 비용 등을 고려하여 도시건축공간의 설계단계에서 설비적인 측면과 비설비적인 측면에서 몇 가지 핵심적인 사항을 중심으로 생활공간을 구축해 나가는 것이 중요하다. 첫째, 자동차로부터의 안전성을 확보하기 위해서는 육교나 승강기 등을 구성되는 입체적 혹은 평면적 보차분리가 필요하다. 둘째, 의자 혹은 가로등 가로수 등이 보행자에게 장애물이 되지 않도록 계획되어야 하고 거리가구를 활용하여 이동을 위한 표시 기능물로서 활용할 수 있도록 계획되어야 한다. 셋째, 각종 안내정보의 제공을 위해서는 사람의 이동이 많은 장소에 음성이나 화상에 의한 안내 정보시스템이 제공됨으로써 시각장애자나 청각장애자들도 손쉽게 이동할 수 있도록 계획되어야 할 것이다. 넷째, 지역사회 내에서 각종 편의시설들이 적절히 분포하고 있고 이들 시설로의 접근성을 확보하여야 한다.

생활권 중심의 문화도시 만들기

급속한 경제성장과 아울러 지역주민의 생활양식이나 생활의식의 변화, 생활환경 악화 등 지역사회의 쇠퇴화가 진전되어 사회복지, 복지행정 등 다양한 측면에서 국민의 생활복지 향상을 위한 여러 방법이 모색될 필요가 있다. 구체적인 실현방안으로 복지와 문화활동을 주체로 한 새로운 커뮤니티 형성, 즉 문화와 복지활동이 융합, 접목된 지역공동체의 가능성을 모색하려는 패러다임 전환이 필요하다. 특히, 핵심적인 것은 문화복지커뮤니티 형성에 대한 이념의 보편화보다도 지역 계획적 맥락에서 이를 어떻게 실천해 나갈 것인가에 관한 것이다.

그렇다면 구체적으로 무엇을 해야 하는가? 지역사회를 기반으로 다음 사항을 집중적으로 추진할 필요가 있다고 생각된다.

첫째, 지역사회 자원활용을 통한 문화복지커뮤니티 육성사업이다.
이와 관련 지역사회의 다원화를 위해 주택, 주민의 자발적 활동조직, 지역시설 등에 의한 문화복지공동체 형성에 대한 가능성과 성립조건들을 지역사회의 환경에 입각하여 추구해야 할 필요성이 있다. 이를 위한 방법의 하나가 지역시설의 개조·활용 및 지역시설과의 연계정비라 할 수 있다.

둘째, 다세대교류를 위한 소규모 복합문화시설 사업이다.
최근 우리나라도 급속한 저출산 고령화로 인하여 적절한 대응방안이 절실히 요구되고 있는 실정이다. 사회적 약자라고 할 수 있는 아동과 고령자, 그리고 장애자가 물리적, 사회적 장애와 고립 없이 보편적인 삶을 추구할 수 있는 환경조성과 아울러 인간답게 살아갈 수 있는 문화생활의 환경 조성도 상당히 중요한 부분이라고 할 수 있다.

따라서 지역사회 속에서의 보통의 일상생활의 기반이 될 주택, 시설제공, 주거환경 형성함으로써 실현될 수 있는 것이다. 그 방향은 복지정책의 기본적인 생각이 간병, 간호나 가사의 곤란함 등에 대한 복지서비스의 제공, 사회적인 고립화에 대한 적극적인 사회활동으로의 참가와 이것들을 토대로 한 지역에서의 자립생활의 지원으로 그 과제를 확대해 온 것과도 깊이 관련된다. 여기에 문화적 요소를 접목시켜 문화복지의 환경을 확대 조성해 나가는 것도 초고령화사회 직면한 우리의 사회적 현실을 적극 수용하면서도 삶의 질적 개선 즉, 청소년을 비롯하여 노년층에 이르기까지 다양한 세대가 자연스럽게 교류를 이룰 수 있는 환경구축이 가능할 것이다. 그리고, 적절한 대안으로써 다세대 교류의 거점으로서의 「소규모 복합문화시설」의 구축을 들 수 있다. 이들 복지서비스의 제공, 사회적 문화 활동으로의 참가, 자립생활로의 지원 등의 과제는 개개인의 생활의 기반인 지역사회의 조건에 맞추어서 추진할 필요가 있다.

문화기반시설의 확충

문화기반시설은 「근본적으로 문화가 표현되는 시각적 형태의 시설」로 정의되며, 좀 더 구체적으로 말하면, 문화기반시설이란 문화의 기능 또는 행위 패턴을 담을 수 있는 시각적 형태의 조형물로 구성된 일종의 영역area을 지칭하는 말이다. 도시민들 사이에서 이루어지는 문화 커뮤니케이션을 위한 시설이다. 따라서 향토문화예술이 진흥하기 위해서는 다양한 문화 예술 활동이 가능한 공간의 양적 확보와 아울러 공간의 질적 확보가 담보될 수 있는 시설확충이 추진되어야 한다. 일반적으로 문화기반시설은 크게 공공도서관, 전시시설(박물관, 미술관), 그리고 기타 문화시설(공연시설, 문화의 집, 문화원 등)로 구분되는데 이들 문화기반시설의 상당수는 제주시문화권과 서귀포시문화권에 집중되는 현상을 보이고 있는 등 진흥을 위한 기능과 배치계획에도 장기적으로 검토해야 할 문제이다. 도민으로서 동등한 삶의 질을 보장받기 위해서는 문화기반시설의 분산화와 프로그램의 고급화 등을 적극적으로 추진할 필요가 있다.

도시건축과
삶의 질

소득 수준이 높아짐에 따라, 삶의 질에 대한 관심과 중요성이 높아지고 있다. 어떻게 국민 삶의 질을 높이는 것일까? 단편적으로 설명하기 어려운 주제임에는 틀림없다. 우리들은 상대적 비교나 척도를 만들어 평가하기도 한다. 경제협력개발기구OECD의 「더 나은 삶의 지수BLI」, 유엔개발계획UNDP의 「인간개발지수HDI」의 척도가 대표적인 것이며 우리나라 무역협회 등에서도 각종 통계로 한국의 삶의 질을 평가하고 있다.

그러나 계량화된 지표에 따라 우리의 삶이 좋아지고 있다고 평가하기는 어려운 점이 많다. 단순히 물질적인 문제에 국한된 것이 아니기 때문이다. 삶의 질을 크게 좌우하는 요소 중의 하나는 도시과 건축환경이 아닐까 생각된다. 대한민국 헌법 제35조 1항에서는 "모든 국민은 건강하고 쾌적한 환경에서 생활할 권리를 가지며, 국가와 국민은 환경보전을 위하여 노력하여야 한다"라고 언급하고 있다. 건강하고 쾌적한 환경, 그리고 그러한 환경보전 노력을 통해 권리와 의무를 동시에 언급하고 있다. 우리 삶의 공간은 건강하고 쾌적한 환경, 매력적이고 애착이 가는 환경인지에 대해서는 자기 성찰이 필요하다. 심각해지는 교통과 쓰레기문제, 삭막한 가로 경관, 간판으로 뒤덮이고 부자연스러운 건축물, 그리고 연계성이 떨어지는 공원과 부족한 녹지공간, 삭막한 도시경관의 현상들은 우리가 겪는 삶의 현실이다. 수년 전 광운대 지역사회연구단이 공원이나 문화기반시설이 많을수록 자살률이 떨어지고 삶의 질이 높다는 연구결과를 발표한 바 있는데 감성적인 공간이 우리의 삶에 얼마나 큰 영향을 주는 가를 단적으로 보여주는 좋은 사례다. 삶의 질은 도시와 건축의 질과도 밀접한 관련성을 갖고 있다. 물론 주택

보급률이나 자동차 보유수, 소득 수준과 같은 양적 문제의 개선도 중요하지만 애착과 애정, 자부심을 갖게 하는 도시와 건축의 질적 문제에서 좀 더 장기적이고 신중한 접근이 필요하다. 자산으로서 건축의 바라보는 태도와 접근으로 도시와 건축에 대한 인식이 변화되어야 한다. 그럼에도 불구하고 건축자산이라 할 수 있는 오래된 기억의 공간, 추억의 흔적들이 점차 사라지고 있다. 오래된 골목길과 근대시기의 건축물도 우리가 깊은 관심을 가지지 못하는 사이 점차 철거되고 있다.

자산적 가치가 있는 건축물과 주변 공간 환경을 우리의 일상생활공간에 적극적으로 활용하려는 노력이 필요하다.

도심 속에서 마음 편하게 걸으며 여유를 즐기는 것, 이것이야말로 삶의 질의 기본적인 출발이다. 여전히 원도심을 비롯하여 읍면지역의 마을에는 사회적 가치를 갖는 많은 건축자산들이 산재해 있다. 다양한 형태로 제도권에서 진흥시킬 수 있는 방안검토와 소유자와 일반시민들의 건축에 대한 문화적 가치 향유를 위한 논의는 삶의 질을 향상할 수 있는 작은 시작이 아닐까 생각한다.

15분 도시의 지향점

　유럽의 인구는 1800년부터 1914년까지 약 100년 사이 4억 6천만 명으로 거의 2배 이상 증가되었고 새로운 산업들이 번창하기 시작하며 도시로 인구집중되었다. 많은 도시는 인구집중으로 포화상태가 되었고, 이를 해결하기 위한 학문으로서 「도시계획학」과 「도시계획가」가 등장하게 된다. 근대도시계획의 탄생은 18세기 후반기부터 유럽에서 나타난 산업혁명이라고 부르는 기술적, 경제적, 그리고 사회적 변혁 이후에서 찾아볼 수 있으며, 오랜 성숙기간을 거쳐서 이루어지게 되었다. 이중에서도 토니 가르니에Tony Garnier와 클래런스 아서 페리Clarence Arthur Perry의 근대도시이론은 눈여겨볼 필요가 있다. 프랑스 건축가였던 토니 가르니에는 1917년 「공업도시La Cite Industrielle」계획안에서 도시를 구성하는 기능을 지역적으로 분리하여, 테라스와 중정을 가지는 주택군, 필로티를 가지는 집합주택, 많은 공공건축물 등을 설계하여, 도시에 있어서의 질서를 확립하고, 실리와 조형을 결합한 계획안을 제안하였다. 그리고 미국의 도시계획가인 클래런스 아서 페리는 1929년 근린주구近隣住區의 개념에 근거하여 초등학교의 교구校區를 공간적

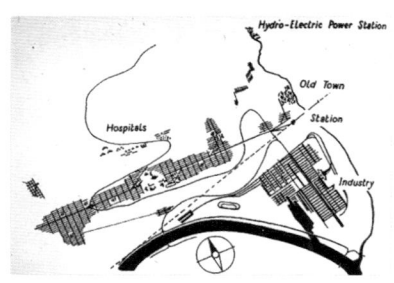

토니 가르니에가 제시한 공업도시
출처: community.middlebury.edu

프랑스 건축가,
토니 가르니에 Tony Garnier
출처: es.wikipedia.org

단위로 하는 도시생활공간을 제안하였다. 약 100년 전 야심 차게 제안되었던 토니 가르니에와 아서 페리의 도시계획안은 도시성장의 기능성과 효율성에 초점을 둔 도시계획의 이론이었다.

근린주구이론

미국의 도시계획가, 클래런스 아서 페리
Clarence Arthur Perry
출처: en.wikipedia.org

찬란한 이론 위에 성장해온 근대도시는 현대도시로 이어지는 과정 속에 도시는 변화의 융통성이 없는 고정되어 버린 물리적 형태의 존재와 놀라운 속도로 변혁하는 도시의 역동적 존재 사이의 파탄 속에서 있다는 반성과 우려의 목소리도 존재하고 있다. 우리의 도시도 예외는 아닐 것이다. 우리나라 도시계획법이 1962년 제정되었으니 도시를 법적 근거에 의해 체계적으로 관리하기 시작한 지 60년 정도인 셈이다. 1962년 도시계획법이 제정될 때 건축법도 같은 시기에 제정되었다. 1960년대는 경제개발5개년계획에 따라 정치적 지원 아래 과감하고 신속한 국토건설이 추진되었던 시대다. 도시를 건설의 시각에서 바라보며 경제발전의 가치를 덧씌운 것이었다. 도시와 건축은 종이지도 위에 대단위 규모지역을 그려놓고 신속하게 대량으로 공급되기 시작하였다. 분명 성장하는 도시의 모습에 오아시스와 같은 갈증해소와 희망의 메시지를 시민에게 안겨주었다. 그러나 60년이 지난 우리나라 도시들은 비슷한 풍경과 비슷한 문제에 직면하여 있고 도시관리의 처방도 비슷하다. 최근 도시계획의 패러다임은 시설중심, 물리적 성장중심에서 사람과 환경중심으로 전환되면서 정치적 도시정책도 크게 변하고 있다.

도시정책의 문제는 정치인에게 좋은 정치적 이슈감이다. 제주의 도시에도 문화도시, 안전도시, 국제자유도시, 환경도시, 스마트 시티 등등 여러 종류의 이름들이 붙여지고 각각 관련된 부서에서 독립적으로 추진해 왔지만 그에 대한 평가도 없는 상태인 것 같다. 원희룡 도정 초기 추진한 「제주미래비전」

도 기존정책과 연계하여 착실히 추진되지 못하고 정치적 구호에 머물렀다. 법정계획이 아니라는 한계도 있었지만, 관련사업과 연계하며 실천하려는 도지사의 의지도 한계가 있었던 것이다.

오영훈 도정에서는 「15분도시」를 핵심공약으로 다루고 있다. 파리에서 시작한 「15분도시」는 2020년 파리시장후보였던 안 이달고Anne Hidalgo가 선거공약으로 제시하였던 파리도시계획프로젝트의 하나이다. 공약에는 파리 전역을 30㎞ 이하 주행, 초고층 개발 억제, 도시숲조성, 자전거도로 활성화, 공공임대주택 확대, 콘크리트 면적만큼의 녹지공간 확보, 그리고 집과 일터, 학교를 15분에 오가는 것 등을 포함하고 있다. 「15분도시」를 포함한 파리 도시 프로젝트제안 배경은 궁극적으로 도시의 친환경성과 도시생활의 불공정, 불합리성 개선을 위한 실행계획이다. 그렇기 때문에 오영훈 도정의 핵심공약인 「15분도시」의 출발은 친환경성의 결핍과 도시생활공간의 차별적 계층화, 정보빈곤에 의한 사회적 소외의 가속화를 어떻게 극복하는가에서 시작되어야 할 문제이다. 그 맥락에서 본다면 제주의 도시에 붙여진 문화도시, 안전도시, 국제자유도시, 환경도시, 스마트시티 등이 추구하는 도시의 문화성, 안전성, 이종異種 문화의 수용성, 환경성, 그리고 첨단적 기술을 생활공간에 접목하고 실현하려는 개념적 접근이 중요한 것이다. 특히 공간적 불평등화와 정보빈곤에 따른 사회적 소외를 극복하기 위한 정보공유의 사회적 시스템도 중요한 도시정비의 하나일 것이다.

언론을 통해 알려진 오영훈 도정의 「15분도시」의 개념과 배경에 의구심을 갖는 분들도 적지 않다. 특히, 15분이라는 수치에 몰입되어 본질적인 문제가 흐려진 듯한 느낌이다. 용역을 통해 개념정리를 비롯하여 실천적 방안 등을 구체화한다지만 「15분도시」의 개념을 명확히 하지 않은 채 용역에 의존하는 것은 선후가 바뀐 것이다. 워킹그룹은 명칭뿐만 아니라 추구하는 도시의 가치와 「15분도시」의 개념을 재정립한 뒤 저출산·고령사회의 인구구조 변화와 산업구조의 변화, 환경문제, 정보의 불평등 등을 극복하기 위한 「15분도시」의 방향성을 검토해야 할 것이다.

모두를 위한 도시와
도시공간의 계층화

　오래전 한겨레신문에 소개되었던 「도시공간의 신분계급도」 기사는 우리 도시의 민낯을 단면적으로 보여주는 부분이다. 모든 도시에는 일정 부분 신분과 소득에 따른 자연스러운 계층화가 있기는 마련이지만 기사에서 언급한 「도시공간의 신분계급도」는 근본적으로 어디에 집을 샀는가에 따라 거주자의 계급으로 인식하고 수용되는 차별적 공간을 다루는 내용으로 우리 사회의 어두운 단면을 보여주는 것이었다. 이것은 1960년대 이후 지속되어온 우리나라의 주택정책과 주택공급방식에 기인하는 것이다. 주택은 내구적인 생활의 필수적인 고가소비재로써, 소비자의 신분과 소득격차를 간접적으로 나타내는 것으로, 주택을 둘러싼 이해집단들 간의 타협과 갈등의 근원이며 주택의 생산, 소비, 그리고 이윤의 원천이기도 하다. 1994년 출간된 『도시주택연구』(한울아카데미)의 저자 케이트 바셋과 존쇼트는 도시주택 및 주거지구조에 관한 접근방법으로 권력과 갈등이라는 광범위한 주제에 입각하여 정치학의 발전내용을 차용하는 접근방법을 제시하였다. 그러나, 이를 잘 보여주는 것이 2022년 대선과 지방선거라 할 수 있으며 선거에 큰 영향을 준 요인 중의 하나가 부동산정책이라 할 수 있다. 다른 나라와 달리 한국의 부동산정책은 유독 민심에 큰 영향을 주는 절대적 요인임을 보여주는 현상이다. 우리나라의 경우 땅과 아파트는 재산증식의 수단이기 때문에 민감하게 반응한다.

　유독 한국에서 광풍처럼 번지는 부동산 투기의 근절은 스스로 부동산을 확대하면서 막대한 이득을 챙기고 있는 주체들에 의해서 달성되는 것은 아니다. 주택 관련 전문가중에는 이른바 집합주택의 브랜드화에 대하여 공공연히 주장하는 사람도 있다. 주택이 갖는 공공적 가치보다는 상업적 가치에 비중을 두고 있는 것은 주거의 본질을 변화시키고, 도시공간의 계층적 심화를 야기시키는 것도 적지 않다. 『아파트 공화국』(후마니타스 출간, 2007년)의 저자, 발레리 줄레조는 저소득층 주거해결을 위해 국가주도의 집합주택 건설을 하는 프랑스와 달리 한국의 집합주택은 국가가 주도하고 민간이 개발하는 매우 독특한 건설방식, 정치권력과 기업의 협력적 관계유지의 특징을 지적하였다. 국가주도, 행정주도의 개발과 재벌이 운영하는 대형건설회사 중심의 주택공급, 집합주택의 브랜드화와 상품화는 우리나라 집합주택의 특징적 요소들이다. 최근 사회적 논란이 되고 있는 도시공원의 민간특례제도에 의한 대규모 아파트 단지건설도 대표적인 사례이다. 제도적으로 민간에게 특혜를 주어가며 브랜드화된 집합주택을 대량생산하는 것은 제주도시의 경관과 환경뿐만 아니라 상대적 도시공간의 계층화를 심화시킬 가능성도 적지 않다. 빈집증가, 110%를 넘는 주택보급율, 주거환경개선의 미흡 등 실타래처럼 엮여 있는 제주도시문제의 근본적 해결을 위한 접근보다는 지역균형발전을 위한 소규모 단지화와 지역분산화, 문화편의시설과의 연계화, 복합화 등 차별된 집합주택단지를 적극 조성할 필요가 있다. 이런 지역에서는 차별적 공간의 계층화가 있을 수 없을 것이다. 도시계획은 모두를 위한 계획에서 시작하는 것이다.

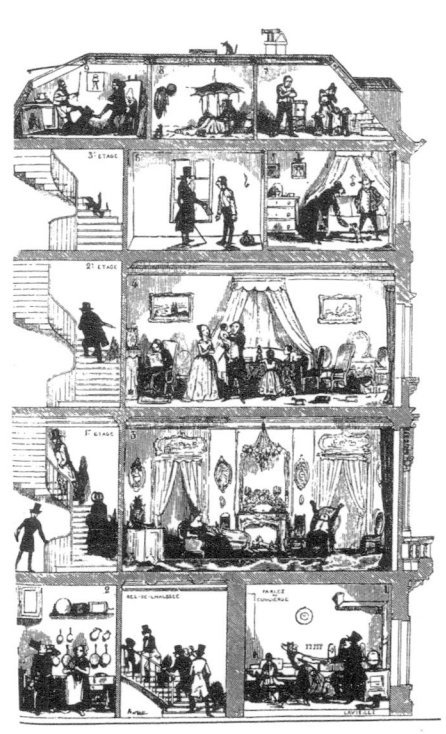

1850년대 파리 맨션의 생활. 가난한 계층과 중산층, 부자계층이 각층별로 거주하고 있는 1850년대 프랑스 파리의 맨션생활

출처: Leonardo Benevolo 저, 윤재희 외 역, 세계도시사, 세진사, 1991, 801쪽.

시민의식,
이제는 변해야 한다.

　싱가포르, 브라질의 쿠리치바, 독일 프라이부르크는 세계적으로 널리 알려진 환경수도의 대표적인 도시이다. 이들 도시의 공통점은 지역사회에 대한 시민의 관심과 적극적인 현실참여, 그리고 행정추진의 지속성을 성공요인으로 들 수 있다. 이들 도시들이 환경수도로 정착하는 과정을 보면 제주사회가 직면한 다양한 문제에 대하여 많은 것을 시사하고 있다. 싱가포르과 브라질 쿠리치바의 경우 강력한 추진력과 행정책임자의 리더십에 의해 장기적으로 안정적으로 도시개발을 추진하였다는 성공 요인이 있고, 독일 프라이부르크는 이와는 다른 사회적 배경을 성공으로 들 수 있다.

　예를 들면 브라질 쿠리치바는 1965년 12월부터 시작된 초기도시발전계획의 일환으로 도시계획연구소를 설립하여 쿠리치바 도시개혁을 체계적으로 추진하였다. 도시개혁의 구체적인 사례는 저비용교통시스템과 자전거도로망의 구축, 보행자를 위한 공간확보를 들 수 있다. 먼저, 저비용의 교통시스템의 경우 두 개의 간선 교통축과 이와 관련된 하부구조를 개발하고, 기본적인 공원 네트워크, 자전거 도로와 중심지에서의 보행자 도로망을 연결한 공공광장의 건설을 실행에 옮겼으며, 특히 통합 교통망이 간선 교통축을 따라 완벽하게 집행되었다는 특징이다. 가장 높은 성과를 높이고 있는 교통시스템의 하나가, 「직통버스체계」의 도입인데 승객들이 탑승하기 용이하도록 특별히 높여진 원통형 정류장에서 버스를 타기 전에 요금을 지불하는 시스템이다. 지하철 정류장과 유사하지만 훨씬 크기가 작은 원통형 정류장에는 버스 승강대와 동일한 높이의 플랫폼과 장애인을 위한 휠체어 엘리베이터가 구비되어 있어 사회적 약자의 접근성을 높이고 있다.

승강대와 동일 높이의 원통형 정류장의 플랫폼

자전거도로망은 1977년부터 착수한 100㎞에 이르는 세계적인 수준의 자전거 도로망을 구축하여 쾌적한 주거환경과 교통해결의 혁명으로 평가받고 있다. 쿠리치바市의 자전거 도로망은 레저용과 통근·통학용으로 구분되어 있는데 레저용은 완만한 경사를 가진 소로小路를 통해 시 전체에 분포하고 있는 공원을 연결하는 도로로서 스포츠를 즐기는 시민을 위해 약간의 경사진 언덕을 따라 형성된 생태도로이다. 통근·통학용은 직선적인 데다 평평한 자전거도로로 형성되어 집에서 일하러 가거나 학교에 가는데 혹은 도심으로 가거나 시를 순환하는데 이용할 수 있도록 계획된 도로이다.

특히 쿠리치바市의 또 하나 특징 중의 하나가 일명 「꽃의 거리」라 불리는 보행자 거리를 조상한 것이다. 1970년대 초반 시민들의 집회 장소였던 도시중심부 근처의 거리를 전격 폐쇄하여 조성하면서 형성되었다고 한다. 「꽃의 거리」 한쪽 끝에 레일을 깔고 폐전차를 가져다 놀이기구를 갖춘 탁아소로 재활용함으로써 쇼핑하러 나온 부모들이 어린이들을 편안한 마음으로 맡길 수 있도록 하였다. 특히 「꽃의 거리」 근처 도로에는 차도를 좁히거나 과속 방지턱을 설치하고 굴곡차선을 건설하여 감속을 유도하고 단주短柱를 설치하는 등 보행자의 안전을 위해 배려하여 안전한 편리하고 안전한 보행권을 확보하였다. 「꽃의 거리」에서는 매주 주말마다 쿠리치바 문화재단의 지원을 받은 시민단체에 의해 토요일 오전 1시부터 12시까지 거리미술제를 개최하는 등 문화의 장소로 거듭나고 있다. 그리고 두 개의 도심지 가로 사이의 공간을 활력 있는 시민의 거리로 탈바꿈시킨 「24시간의 거리」는 도심의 가장 활력 넘치는 상업공간이자 시민의 공간이다.

자동차도로를 보행자의 넓은 보행공간으로 전환한 중심부의 꽃의 거리 모습(위). 폐전차를 활용하여 유아 동반부모들이 안심하고 편안하게 보행하여 휴식을 취하도록 폐탁아소(아래)로 운영하는 것이다.

24시간의 거리

　물리적 혁명, 경제적, 사회적, 그리고 문화적 혁명으로 평가받을 만큼 강력하고 지속적으로 추진된 것이 성공요인이라 할 수 있다. 그 배경에는 12년간 시장을 재임하면서 강력하고 지속성을 갖고 추진할 수 있었던 점도 빼놓을 수 없는 부분일 것이다.

　반면 독일 프라이부르크는 환경중심으로 살기 좋은 도시를 성장 발전시킨 도시라는 측면에서 주목할 필요가 있다. 환경수도로 알려진 독일 프라이부르크가 환경수도로 발전하게 되었던 계기는 원전반대운동에서 시작되었다. 증가하는 에너지에 대응하기 위해 대안으로 제시된 원전건설은 농민들의 거센 원전반대운동을 초래했으나 점차 지역사회로 확산되면서 에너지 소비의 근본적인 문제와 해결노력의 필요성을 인식하여 생활혁신운동, 즉 대량소비의 생활, 과도한 에너지소비 등에 실천적 운동으로 확산되어 변화의 근간을 마련하게 된 것이다. 정치적 반대에 대한 주민의 실천적 행동이

독일 프라이부르크시내의 주거단지

사회를 변혁시켜 나갔던 것이다. 그리고 행정은 주민의 변화, 주민의 요구를 정확히 이해하고 파악하여 과감하지만 세밀한 대응전략을 수립하여 실천하는 신뢰성 있는 행정을 추진함으로써 협력적 관계를 맺게 된 것이다 이러한 파트너십 관계는 도시발전에 큰 원동력이 되고 있다. 오래전 프라이부르크 시장이 언론을 통해 앞으로는 고층건축물을 건축하지 않겠다는 인터뷰한 바

Schlossberg에서 바라본 프라이부르크의 전경

있다. 그 이유는 시민들이 더 이상 고밀도 개발로 인해 주거환경이 악화되어 삶의 질이 떨어지는 것을 반대하기 때문에 행정책임자로서의 정치적 화답을 한 것이다. 지진으로 도심이 크게 파괴되었던 뉴질랜드 크라이스트처치시의 사례도 도시계획, 재건에 시민들이 어떻게 도시를 변화시키는지 잘 보여주는 좋은 사례이다. 도시재건과정에 시민들이 다양한 도시개발방법을 제시하고 행정을 움직이는 긍정적인 협치의 과정이라 할 수 있는 것이다.

우리 사회의 현실은 어떠한가? 각종 도시개발과정을 들여다보면 시민과 행정 사이에 합리적이고 생산적인 논의과정보다는 사유재산권을 내세운 자신만의 주장만이 앞서는 사례가 적지 않다. 물론 도시개발과정에서 시민의 요구를 반영하지 못한 행정의 책임도 있겠지만 자기주장만을 내세우는 경향이 과거에 비해 더욱 심해진 것도 사실이다. 도시란 개별적 삶이 축척되고 조직화된 공동체라 할 수 있다. 여기에 공동체 구성원들의 합의적 규칙과 사회체계 속에 다양한 활동이 축척되고 오랜 시간의 흐름이 더해짐으로써 도시의 역사성과 문화성이 표출되는 것이다. 그렇기 때문에 도시계획과 도시개발은 합의적 규칙과 체계, 그리고 협력적 관계 속에 이루어져야 하는 것이고 개인에게는 작지만 공동체 구성 모두에게 이익이 되는 것에 중요한 비중을 두고 있는 것이다. 그래서 도시계획은 「모두를 위한 도시」가 되어야 하는 것이다.

우리 사회는 압축성장 과정 속에 도시개발을 통해 이른바 졸부가 탄생하는 모습을 보면서 대부분의 시민들은 도시개발을 돈을 벌 수 있는 수법의 하나로 인식하고 있는 경향이 크다. 아름다운 도시, 살기 좋은 도시는 뛰어난 도시전문가와 행정가에 이루어지는 것이 아니라 도시경영에 대한 시민의 참여와 협력적 관계에서 생산되는 것이다. 부동산의 광풍, 개발의 광풍이 부는 이 시대에 시민의 의식도 이제는 바뀌어야 할 때이다.

시민도
협력적 동반자이다.

　　박근혜 정부 때 교육부 정책기획관이 기자들과 함께 한 식사자리에서 「민중은 개, 돼지이다」「신분제를 공고히 해야 한다」는 발언으로 큰 논란이 된 적이 있다. 백년대계라 할 수 있는 국가차원의 교육의 큰 틀을 기획하고 추진하는 고위 관료가 발언한 내용치고는 참으로 부끄럽기 짝이 없는 내용이다.

　　현대판 신분제를 찬양하는 그의 발언대로 라면 굳이 명문학교 몇 곳만을 중심으로 집중적으로 운영하며 관리하면 될 일을 교육부가 초등학교부터 대학교까지 모든 교육과정을 통제하고 보조금까지 지원할 필요는 없을 것이다. 교육부의 존재가 그다지 필요하지 않다는 논리인 셈이다. 대한민국이 세계 14위권의 경제국가로 성장할 수 있었던 것은 전통적으로 교육열에서 기인하는 것임은 누구도 부정하지 않을 것이다. 과거에는 고등교육과정을 거치면서 사회적, 경제적 성공하는 사례를 두고 흔히들「개천에서 용 났다」라고 표현했듯이 힘든 환경 속에서도 교육에 대한 열정의 끈을 놓지 않았던 것은 가능성에 대한 희망이 있었기 때문이다.

　　교육부는 젊은 세대들에게 새로운 비전과 희망의 싹을 키울 수 있도록 교육제도, 사회구조의 개혁을 선도해야 하고 이를 위한 정책적 패러다임의 전환을 시도해야 할 책임이 있다. 그렇기 때문에 교육부 정책기획관의 발언을 한 개인차원의 문제로만 넘길 수 없는 것이다.

　　민중은 개와 돼지가 아니다. 사실 과거의 역사를 살펴보자면 국가가 난국에 처했을 때 풍전등화의 위기를 극복할 수 있었던 것도 민중들이 스스로

나서서 목숨을 내던졌기 때문이다. 1592년 임진왜란의 의병, 1894년 동학혁명, 1950년 한국전쟁의 학도병 등이 그러하다. 1960년대와 1970년대에 이루어낸 한강의 기적도 밤낮없이 성실하게 산업현장에서 일한 노동자들의 땀과 노력으로 일구어낸 성과이다. IMF위기 때는 어떠했는가! 금까지 내다 팔아 나라의 경제에 보탬이 되고자 했던 국민들이다. 민중이 개, 돼지와 같이 우둔하였다면 국가와 민족을 위해 과연 귀한 목숨, 소중한 물건들을 스스로 내어 놓았을까? 오히려 투철한 국가관, 삶의 철학이 있었기에 자신을 희생한 것이 아니겠는가!

문제의 발언을 한 교육부 관료와 같이 공직사회에서 민중을 단순히 서비스수혜 대상자이거나 계몽의 대상자로 보지는 않겠지만 개혁과 혁신이라는 큰 흐름 속에 공직사회의 변화도 가속화되어야 하는 것은 당연한 일이다. 거버넌스Governance협치의 중요성이 자주 강조되곤 한다. 거버넌스는 정부중심의 일방적 추진이 아니라 정부와 민간, 또는 비영리단체 등 다양한 조직의 참여와 협력적 네트워크에 의하여 이루어지는 것을 의미한다. 도시와 건축분야에서도 거버넌스의 정신이 매우 중요해지고 있다. 경관법상의 경관협정, 건축법상의 건축협정, 그리고 도시재생사업 등이 도시와 건축 관리측면에서 새롭게 주목받는 이유는 과거와 같은 행정주도로는 도시의 공공성과 정체성을 담보하기에는 한계에 이르렀기 때문이다. 관련법규의 테두리 속에 주민들이 스스로 지역의 문제에 관심을 갖고 문제점을 찾아 고민하고 해결방안을 제시하여 물리적 환경과 생활경관을 자주적, 민주적으로 해결하기 위한 제도라 할 수 있다. 행정은 주민의 의견을 수용하고 정책과 사업에 반영함으로써 효율적인 예산을 사용하게 되는 것이다.

주민에 의한 주민을 위한 주민의 정책과 사업을 해야 하는 시기가 온 것이다. 그렇기 때문에 민중은 주체이자 한편으로는 협력적 동반자로서 중요한 위치에 있는 것이다. 시대가 변하고 있다. 우리들의 인식도 변해야 하는 하고 그것이 개혁이고 혁신의 첫걸음이라 할 수 있을 것이다.

광장,
살아있는 도시의 심장

 2016년 당시 대통령 탄핵정국이 이어지면서 광화문 광장은 한국정치의 중심적 공간이었다. 경복궁의 정문인 광화문 앞에 조성된 광장은 한때 소란스러운 자동차의 공간이었으나 시민을 위한 공간으로 새롭게 조성되면서 시민들의 다양한 목소리가 발산되는 해방구로 자리매김한 셈이다.

 광장은 많은 사람이 모일 수 있게 거리에 조성된 넓은 공간을 의미한다. 원래 광장은 단순한 공간이 아니라 크고 작은 길들이 연결되어 있고 주변에는 각종 행정시설이 집중되어 있는 정치적 경제적, 그리고 사회적 중심이었다고 할 수 있다. 대표적인 것이 그리스의 아고라Agora와 로마의 포럼Forum이다. 시장市場이라는 의미를 갖는 아고라는 후기 그리스시대의 가장 중시된 상업용 공공건물이 밀집되어 있었고, 이곳은 시민의 사교 또는 일상생활의 장으로 이용되었다. 주변에는 광장이 있었으며 지붕이 있고 통로 양쪽에 상점이 늘어서 있는 아케이드Arcade 형식을 취하고 있었다. 로마의 포럼은 그리스의 아고라에 해당되는 노천개방 광장으로 5개의 집회 장소, 정기적 시위 행렬 장소로 쓰여졌으며 도시의 중심적인 장소

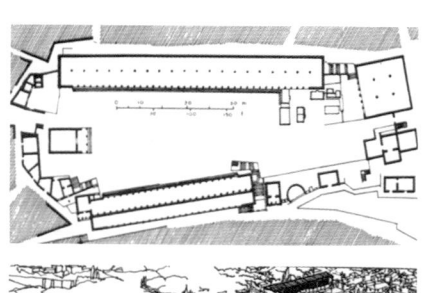

그리스의 아고라 모습
출처: 박학재, 서양건축사정론, 상조사, 1981, 231쪽.

로마의 포룸 로마눔 Forum Romanum

였다. 11~13세기에 유럽 서북부와 북이탈리아를 중심으로 성곽 도시, 교회와 수도원 중심의 도시를 근간으로 발달하였던 중세도시의 광장은 정치적 혹은 종교적 측면에서 또 다른 성격을 갖는다. 도시형성의 주체가 누구였는 지에 따라 때로는 민중이 주체가 되기도 하고 때로는 권력자의 공간으로 이용되면서 광장의 성격과 기능은 각각 달랐던 것이다.

제주의 대표적인 민중항쟁의 공간은 관덕정 광장이다. 원래 관덕정은 제주목 관아의 건축물로 제주도를 대표하는 상징적인 건축물로 식민지배와 해방 이후 혼란기의 역사적 기억을 간직한 곳이다. 또한 관덕정 앞에 자리 잡은 광장은 평소 군사들의 훈련장소이기도 하지만 시장市場이 들어서거나 각종 행사들이 거행되었던 시민들의 공간이기도 하였다. 1901년 이재수의 난 때 천주교인들이 민군에 의해 학살되기도 하였고 일제강점기의 식민지 지배공간, 1948년 4·3사건과 같은 역사적 사건의 시작이자 끝의 공간이다. 제주출신 소설가 김석범의 장편소설 『화산도』에도 중심적인 공간으로 등장하는 등 역사적·문화적 중심의 공간이라는 점에서 더욱 큰 의미와 가치를 갖는다.

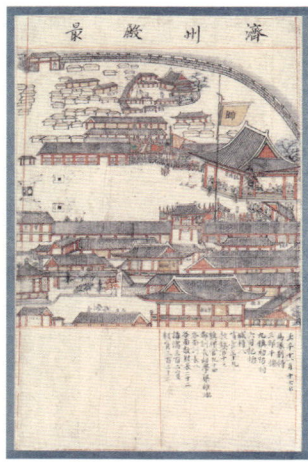

목사 이형상 때 제작한 탐라순력도의 제주전최(濟州殿最)는 1702년(숙종 28) 11월 17일 제주목사가 관하 각 관리의 치적治績을 심사하는 그림인데 여기에는 관덕정과 광장의 형태와 기능이 잘 묘사되어 있다.

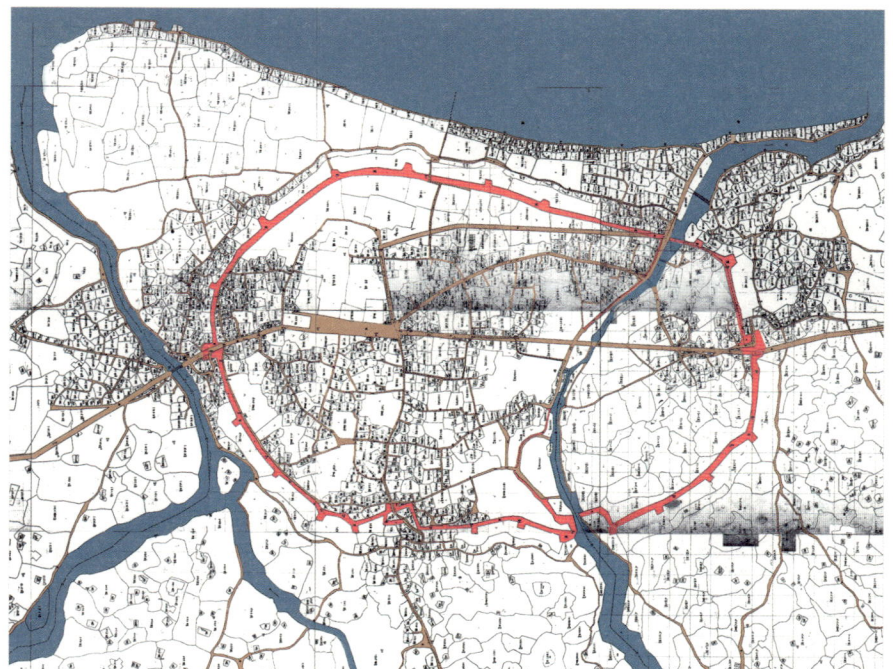

일제강점기 1914년 제작된 제주읍성 지적도
한천, 병문천, 산지천을 끼고 자리잡은 제주읍성과 동서남문의 위치, 주거지의 분포뿐만 아니라 옛길의 구조까지도 파악할 수 있는 중요한 자료이다. 동문에서 서문으로 이어지는 길과 관덕정 광장이 핵심적인 공간임을 알 수 있다.

이러하듯 광장은 억울하고 부당함을 느끼는 민중들이 쏟아내는 목소리의 울림으로 가득한 살아있는 도시의 심장과 같은 곳이라 할 수 있다. 2016년 대통령 탄핵 정국 때에는 광화문 광장에서 촛불시위를 통해 민중의 소리가 여과 없이 전해지기도 하였다. 과거 국왕이 드나들었던 정문 광화문 앞에서 민주적이면서도 평화로운 행동으로 권력자의 부당함을 소리 높여 외칠 수 있는 현대판 아고라였던 광화문 광장은 시민을 위한, 시민에 의한 광장이었다. 20만이 모였니 30만이 모였니 수적 우세와 열세의 문제가 아니라 광장에 모여 남녀노소 구분 없이 다양한 생각을 자유롭게 표출함으로써 민주주의와 민중의 저력을 보여주었던 살아있는 공간이었다.

　관덕정 광장을 살아있는 도시의 심장으로 회복시키려는 노력이 여러 차례 있었지만, 제대로 추진되지 못하였다. 이제는 제주에서 가장 오래된 건축, 관덕정과 함께 제주의 역사를 보여주는 광장 복원을 진지하고 신중하게 추진해야 할 시기가 아닌가 생각해 본다. 살아 있는 도시의 심장, 광장을 복원했을 때 도시도 제대로 움직이는 역동적인 공간이 될 수 있기 때문이다.

건축사를 바라보는 사회의 인식과 현실

건축가를 의미하는 영어 'architect'는 원래 그리스어 'arkhitekton'에 유래한 것으로 「대장」이라는 의미의 'arkhi'와 「건설자」라는 의미의 'tekton'의 합성어이다. 건설종사자의 중심적인 역할을 하는 자라는 의미이다. 건축가와 유사한 의미를 갖지만, 직업적, 활동적 의미에서 다소 다른 단어가 건축사이다.

건축사법 제1조에 「건축물과 공간 환경의 질적 향상을 도모하고 건축문화 발전에 이바지함을 목적」하고 있다고 규정하고 있다. 건축사는 동일한 목적과 방향을 가지면서도 국가 관리를 통해 자격을 획득하고 법률적 테두리에서 행위가 보장되고 책임을 지게 된다. 반면, 건축가는 설계업무에 종사하는 사람을 칭하며, 자격시험과 관계없이 건축 전반의 사회 문화 활동에도 참여할 수 있다. 그렇기 때문에 활동적 의미에서 다른 가치를 갖고 있다. 직업적 전문가로서 건축사가 만드는 결과물인 건축은 일반적인 것과 다른 구조와 형태, 공간에 대한 치밀한 계획에 의해 만들어낸 결과물이라 할 수 있다. 그래서 우리는 이것을 독창성이라 부르고 문화적 수준으로 평가하는 것이다.

우리들은 건축사에게 설계를 비롯한 건설과 관련된 전문적인 지식과 경험에 의존하며 존중하게 된다. 대표적인 것이 공공건축에서의 건축생산방식이다. 사회적으로 물의를 일으키곤 하는 입찰방식과 수의계약 등의 일반적인 발주방식은 단순히 비용절감만의 문제에서 시작된 것이 아니라 실력 있는 건축사들이 공정한 환경에서 참여할 수 있는 조건을 제공하거나 발주처가 그러한 건축사를 선택할 수 있도록 재량권을 갖고 좋은 건축을 생산할 수 하기 위한 것이다. 그렇지만 우리의 현실은 운영의 묘를 살리지 못하고 부정적인 문제만이 부각되고 있다. 현상설계공모의 경우도 마찬가지이다. 제도의 틀 속에서 제대로 운영되지 못하고 있다.

이러한 문제의 근본적인 배경에는 우리 사회가 건축사를 바라보는 시각과 인식의 문제에서 기인하는 것이라 생각된다. 첫째는 우리나라 건축법은 국가경제개발 5년 계획의 큰 틀 속에서 1962년 제정되었고 건축은 경제재건을 위해 아파트단지 중심으로 건축시장이 성장해왔다는 점이다. 둘째는 고도경제성장의 과정에서 대규모 택지개발과 아파트건설을 통해 새로운 부의 축적이 가능한 도구수단으로 인식하는 경향이 커졌다. 전자는 국가적 차원에서 형성된 건축의 왜곡된 시선이고, 후자는 개인적인 차원에서 시작된 건축의 왜곡된 시선이다. 궁극적으로 경제성장의 과정 속에 우리 사회에서 건축사는 창의적 문화예술 영역의 전문가 집단이 아니라 건설시장 중간생산자로 인식하는 경향이 강하다. 그래서인지 부지 위에 無에서 有를 창출해 낸 것은 건축사의 작업이건만 주요 공공건축물의 준공식에는 건축사(설계자)를 초대하지 않는다. 오히려 건설사 대표가 참석하여 표창을 받기도 한다. 건축물이 어떠한 배경과 어떠한 개념으로 설계되었고 어떤 의미를 내포하고 있는지 기관장이나 사용자는 그다지 관심도 없다. 개인의 건축도 마찬가지다. 이것이 우리 사회가 바라보는 건축과 건축사에 대한 인식이다. 그렇다고 이러한 건축사의 대우를 사회인식의 문제 탓으로 이야기할 수도 없다. 문화로서의 건축, 삶의 한 부분으로서의 건축에 대한 인식과 개선을 위한 건축계의 끊임없는 노력도 지속되어야 한다.

행정의 개방성과
정보공유

- 시민의 정책참여를 위한 개방적인 행정자료실 조성 -

　알 권리에 대한 시민 인식의 변화에 따라 행정정보 공개청구가 많아지고 있다. 행정서비스가 시민생활에 직간접으로 영향을 주고 있다는 의미이기도 하고 한편으로는 시민으로서 알아야 할 권리 행사에 대한 인식이 높아지고 있음을 보여주는 현상이다. 행정에서 생산해 내는 자료는 일반시민뿐만 아니라 기업과 투자자, 그리고 연구자들에게도 다양한 시각에서 활용할 수 있는 매우 유익한 자료이다.

　행정기관에서 발주하는 각종 용역결과물도 중요한 행정자료 중의 하나이다. 특히 우리나라의 경우 행정기관에서는 여러 부서에서 사업추진에 필요한 기술용역과 학술용역을 발주하고 있고 이들 용역보고서는 어떠한 형태로든 행정기관에서 추진하는 사업에 반영됨으로써 의사결정에 매우 중요한 단서를 제공하고 있다. 행정기관의 용역은 사업타당성을 분석할 만한 전문성이 없거나 자신들의 사업에 대한 합리성을 부여하기 위해 발주한다. 몇 백만 원의 용역에서부터 수억 원의 용역들이 매년 행정기관에서 발주되고, 정책과 추진사업에 반영되고 있지만 보고서뿐만 아니라 보고서의 분석자료가 활용되는 범위는 극히 제한적이다. 예를 들면 제주도의 경우 수십억 원의 예산들 투입하여 구축한 중산간지역의 종합적이고 체계적인 관리를 위해 지하수, 경관, 생태 등급 관련 GIS정보자료들이 구축되어 있고 환경총량제 시스템도 이미 구축되어 있다. 이외에 연안관리를 위한 각종 데이터 등도 구축되어 있으나 관리부서중심으로 관리되고 있어 사용범위가 제한적이다. 이들 자료는 투자개발자뿐만 아니라 사업용역을 맡은 기업체에게는 이들 자료에 근거하여 개발의 형태와 범위, 사업의 타당성 등을 좀 더 세밀하게 검토할 수 있기 때문에 매우 중요한 행정자료이다. 물론 연구자에게도 학술적 분석자료로서의 활용도 크다.

현재 우리나라의 경우 행정정보공개제도를 통해 기본적인 시민의 알 권리를 보장하고 있으나 이 제도의 허점을 이용하여 행정기관에 민원성 정보공개요청으로 인한 공무상 지장도 적지 않다. 행정기관의 홈페이지를 통해 각 부서별로 여러 가지 행정자료들을 제공하고 있으나 자료제공이 일방적이고 여러 부서별로 분산되어 있어서 활용에 제약이 크다. 또한 대부분의 행정서류들은 일정기간 보관 이후 소각처리하고 있고 각종 용역보고서도 일정기간이 지나면 자료의 소재조차 파악할 수 없는 경우가 많다. 이러한 상황에서는 제대로 된 기록이 남겨질 수 없다. 이와 같은 불합리한 문제를 해결하기 위해서는 개방적인 행정자료실을 조성할 필요가 있다고 생각된다. 행정부서에서 가공, 생산된 행정자료들을 행정의 보안성과 개인정보의 침해성이 있는 부분을 제외하고 개방 가능한 범위에서 개방되어야 하고 용역을 통해 가공, 생산된 각종 사업타당성 용역보고서, 각종 기본계획 조사보고서, 재정비보고서 등 다양한 보고서들도 디지털화하여 열람하거나 구매할 수 있도록 행정자료실을 조성해야 한다.

일본 동경도의 경우, 행정자료실이 별도로 설치되어 있어서 일반 시민과 기업인, 연구자들이 도시, 건축, 농수산, 복지분야 등 각 부서의 다양한 행정자료들을 유료로 구입할 수 있고 연구용역 보고서 등 행정보고서 역시 유료로 구매할 수 있다. 서울시의 경우 서울책방이라는 판매조직을 통해 각종 연구보고서를 일반인에게도 제공, 판매하고 있다.

단순한 행정자료의 제공측면뿐만 아니라 시민의 알 권리를 일정 부분 보장해준다는 점, 세금을 들여 제작된 자료를 수요자들에게 제공, 공유함으로써 행정자료의 활용성을 높인다는 점, 그리고 행정에서 추진하고 있는 정책과 추진사업의 내용을 일정 범위 내에서 공개함으로써 행정업무의 투명성, 공정성을 확보한다는 점에서 개방적인 행정자료실이 운영되어야 하는 것이다.

05

제5장 인구변화와 주거복지

저출산 고령화의 급속한 인구구조 변화 속에 지역사회의 다원화에 대응하기 위해
지역인, 조직, 시설에 의한 지역복지 형성의 가능성과 성립 조건을 원점에서 검토할 필요가 있다.
어린이와 고령자를 위한 도시, 건축 정책과 보건복지정책을 장기적 관점에서 재검토해야 한다.
첫째 보편적 정주권의 보장, 둘째 보편적 이동권의 보장, 셋째 보편적 생활복지서비스의 보장,
넷째 고령친화산업의 활성화를 위한 새로운 정책적 접근과 검토가 필요하다.
급속한 경제성장 속에서 상대적으로 지역주민의 생활양식이나 생활의식의 변화,
그리고 생활환경의 악화로 인해 지역사회의 쇠퇴화가 진전되어 왔기 때문에
국민의 생활복지를 향상하기 위한 방법으로서 복지활동을 주체로 한 새로운 지역사회형성의
가능성을 모색하려는 주거와 복지정책의 패러다임 전환이 필요하다는 의미이다.
지역계획론적 문맥에서 어떻게 실천해 갈 것인가, 우리들의 의지와 노력에 달려있다.

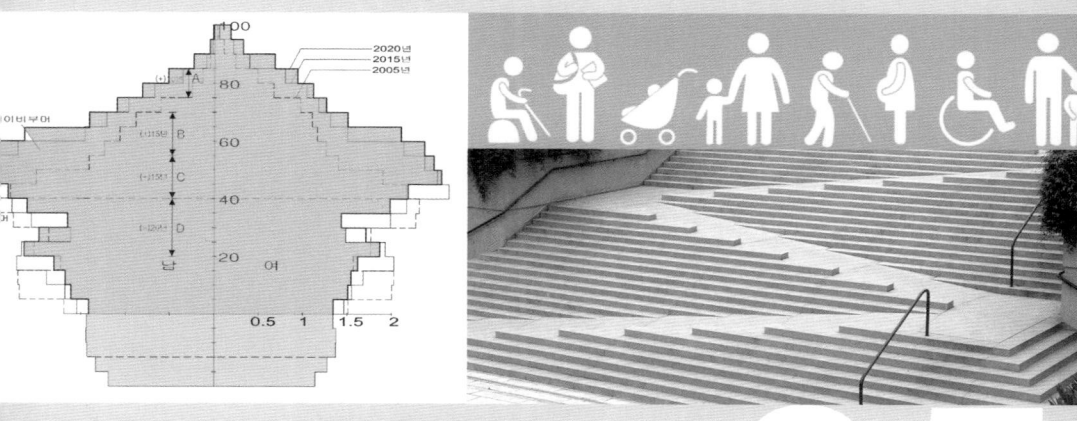

초고령사회, 제주도는 대비하고 있는가?

　우리나라는 이미 고령사회Aged Society에 진입하였다. 2005년과 2020년의 인구 자료를 바탕으로 과거 15년간 제주도 인구구조의 변화 양상과 연령별, 성별 변화 특징을 살펴보면, 과거 15년 사이에 각 연령별로 상당한 인구변화가 일어나고 있음을 알 수 있다. 제주도 인구구조의 변화는 65세 이상의 고령계층의 인구증가와 함께 0~4세 아동인구는 일시적인 증가는 있지만 점차 감소하고 있는데, 우리나라 인구구조의 전반적인 흐름과 유사성을 갖고 있다.

　특히 주택수요가 다양한 연령대별로 인구변화를 보면 베이비부머1955년생~1963년생의 영향으로 일정 부분 증가하다가 급속하게 감소하고 있어 이에 대한 적극적인 대응이 필요한 시점이다.

　특히, 55세~65세 사이의 고령층 인구가 서서히 증가(그림의 B부분)하고 있고, 동시에 40~55세 사이 연령층의 인구 증가(그림의 C부분)가 두드러지고 있어 이들 연령층이 65세 이상의 고령층에 진입하게 되면 상당한 복지수요계층으로 대두될 것으로 예측된다. 이와 동시에 장래 아동인구는 감소가 예측되고 있어서 장기적으로는 교육시설과 지역시설의 공간 재배치문제뿐만 아니라 주택수요, 주거양식 등에 있어서 상당한 영향을 주게 될 것으로 예상된다. 또한 코로나19 확산에 따른 우리 사회의 생활패턴과 의식, 가치관도 적지 않게 변화되고 있어 지역사회의 건전한 공동체 조성이 중요한 이슈가 되고 있다.

　코로나19와 같은 질병의 대유행에 따른 사회가치관과 생활구조의 변화와 함께 인구구조의 변화는 우리 사회가 어떻게 재편되어야 하고 변화에 어떻게 대응해야 하는지 점검해 보게 하는 주요 요인이다. 경제협력개발기구OECD의

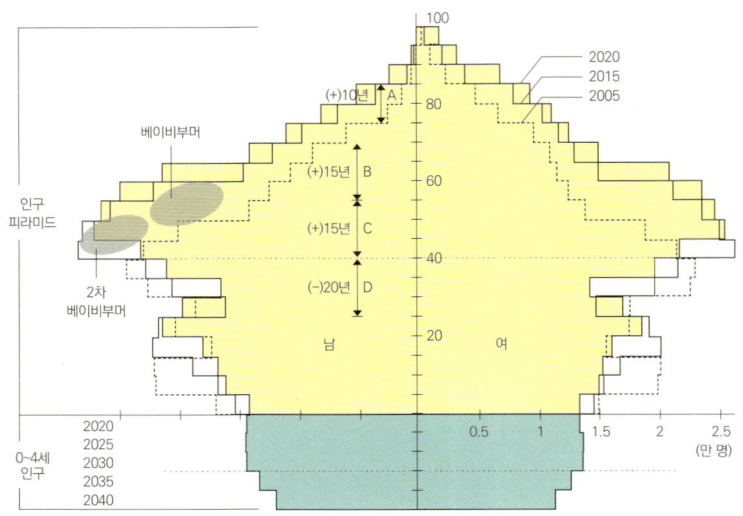

인구통계자료로 본 제주도 인구구조변화(2005년~2040년)

2005년과 2020년 사이의 인구구조변화를 보면, 20세 이하 인구층이 급속하게 감소하고 있다. 25세~40세 인구층은 일정부분 인구를 유지하고 있으나 20년 동안 감소현상이 뚜렷하여 주택수요에 큰 영향을 주고 있다(D부분). 반면 40세~55세는 인구증가가 15년 동안 진행(C부분)될 뿐만 아니라 55세~70세 인구층(B부분), 특히 75세~85세 고령인구층의 증가현상(A부분)도 심화되어 주택과 복지에서의 수요가 크게 증가할 것으로 예상된다.

주: 2005년~2020년 인구주택총조사자료, 2025년~2040년 4세 이하 아동인구는 통계청 장애인구 추계자료로 작성한 것임.

「2020 한국경제보고서」 발표는 매우 흥미 있는 내용들이다. 경제성장률과 잠재 성장률을 언급하면서 한국의 경제성장을 다른 나라와 달리 -0.8%로 상향 조정했는데 이는 코로나19에 대한 적극적이고 대응정책이 반영된 부분이라고 한다. 반면 잠재 성장률은 하락할 것이라고 전망하였다. 급속한 고령화와 노동인구의 감소가 가장 큰 원인으로 판단했던 것이다.

그러나 경제협력개발기구OECD의 잠재성장률 하락에 대한 경고는 단순한 경제지표의 문제로 국한시키기보다는 좀 더 거시적인 시각에서 초고령화 문제의 접근, 즉 복지측면과 경제측면을 동시에 고려하면서 파급효과를 높일 수 있는 정책적 접근이 필요하다고 생각된다. 소득보장, 의료보장, 주거보장이라는 복지의 3대 기본 영역의 틀 속에서 주거보장(안정적인 주택

확보, 선택 가능성뿐만 아니라 생활의 편의성이 확보된 주거환경도 포함)을 강화하면서 소득보장과 의료보장의 혜택을 받을 수 있는 현실적인 접근이 필요하다. 기본적으로 초고령화에 대응한 주거환경개선의 필요성은 다음의 3가지로 정리할 수 있다.

첫째, 주거선택과 주택의 수준은 직접으로 거주자의 신체적으로, 그리고 정신적인 건강 의학적인 측면에서 상당한 영향을 준다는 점이다. 오랫동안 살아왔던 주택에서 살고 싶어도 주택의 여러 가지 물리적인 장애로 인한 불편함 때문에 부득이 거주형태를 변경Relocation하는 경우가 발생하지 않도록 주거선택권의 폭을 넓히는 것이다.

둘째, 고령자 주택의 공급은 단순한 개별적인 주택기능의 차원이 아니라 초고령화사회에 대응한 지역복지의 기능적 전개의 차원에서 중요한 주거환경 요소로서의 기능을 갖고 있다.

셋째, 일반고령자나 장애고령자가 격리되지 않고 공존공생共存共生할 수 있는 지역사회의 구축이다. 이는 사회복지의 기본개념이 오랫동안 살아왔던 지역사회에서의 정주를 지원하는 프로그램과 연계되어야 한다는 점이다.

그렇기 때문에 저출산 고령화의 급속한 인구구조 변화 속에 지역사회의 다원화에 대응하기 위해 지역인, 조직, 시설에 의한 인구구조 지역복지형성의 가능성과 성립조건을 원점에서 검토할 필요가 있다. 구체적으로는 첫째 보편적 정주권의 보장, 둘째 보편적 이동권의 보장, 셋째 보편적 생활복지 서비스의 보장, 넷째 고령친화산업의 활성화를 위한 새로운 정책적 접근과 검토가 필요하다.

급속한 경제성장 속에서 상대적으로 지역주민의 생활양식이나 생활의식의 변화, 그리고 생활환경의 악화로 인해 지역사회의 쇠퇴화가 진전되어 왔기 때문에 국민의 생활복지를 향상하기 위한 방법으로서 복지활동을 주체로 한 새로운 지역사회형성의 가능성을 모색하려는 주거와 복지정책의 패러다임전환이 필요하다는 의미이다. 지역계획론적 문맥에서 어떻게 실천해 갈 것인가, 우리들의 의지와 노력에 달려있다.

이와 관련하여 보건복지부는 지역사회를 기반으로 하는 지역통합돌봄 Community Care 정책 추진은 과거 지역계획의 틀에서 벗어나 새로운 개념의 지역계획으로의 패러다임 전환을 의미하는 것이다. 그렇기 때문에 도시와 건축, 복지부서의 유기적인 협력체계 구축이 중요해질 수밖에 없으며 추진정책 역시 협력적 관계 속에 성과를 거두어야 하는 것이다. 지역사회에 주목하는 것은 기본적으로 병원과 시설 중심의 돌봄이 아니라 자택과 지역중심의 돌봄에 둔 지역 정주 Aging in place 에 있으며 이를 실천하기 위해 쾌적한 환경에서 안심하고 거주할 수 있는 물리적 환경의 조성과 적절한 서비스를 제공받을 수 있는 주거 환경 지원 시스템의 구축이라고 할 수 있다.

제주도는 지역주민의 생활공간이자 수많은 관광객이 공존하는 공간, 도시와 농촌의 기능과 성격이 혼재되어 있는 생활공간으로 매우 독특한 지역이다. 도시건축의 인프라 구축에 실패하여 오랫동안 막대한 예산을 투입하여 저출산 고령화에 대응하고 있는 일본의 사례는 우리에게 타산지석이다.

「신제주인」과
제주사회의 변화

이주자 「신제주인」 증가의 사회적 배경과 변화

　제주사회의 산업구조와 생활공간의 큰 변화는 2010년 이후부터 시작된 자본의 유입과 인구증가를 주요 요인으로 들 수 있다. 급속한 중국을 비롯한 국내외 개발 자본의 유입과 인구의 증가는 사회, 경제, 그리고 삶의 형식에 변화를 주었고 다양한 형태로 제주사회를 변화시켜 왔다.
　특히 2010년을 기점으로 지속되고 있는 인구증가 추세는 2013년 60만 명을 넘었고 2014년에는 61만 명을 넘어 급속하게 증가하고 있고 2020년에는 69만 명에 이르고 있다. 서귀포시보다는 제주시 인구의 증가가 크다.

　이는 순유입인구와 순전출인구의 흐름에서 잘 나타나고 있다. 2009년 이전에는 순유입인구보다는 순전출인구가 많았으나 2010년 이후부터는 오히려 순유입인구의 증가폭이 커지고 있는데 2017년 이후부터는 점차 감소하고 있는 추세이다. 이러한 유입인구 증가는 2012년을 기점으로 출생 및 사망에 따른 출산에 의한 인구 증가폭 보다 훨씬 크다는 점도 특징이다. 순유입인구가 단순한 인구증가의 변화현상을 넘어 다양한 형태로 제주사회를 변화를 이끌어 가고 있다고 하여도 과언은 아닐 것이다.

　유입인구의 연령별 특성을 살펴보면 20~30대가 취업 또는 학업을 위해 타 지역으로 전출하는 반면 귀농귀촌, 인생 이모작을 위해 정착하는 은퇴자, 그리고 새로운 창업과 정착을 위한 청년 등 제주에서 다양한 가치, 새로운 삶을 위해 이주해 오는 세대들로 대부분이 40~50대가 주도층을 이루고 있다.
　궁극적으로는 이들 이주자들은 은퇴 후 새로운 인생 출발을 위해 정착하

연도별 행정구역 인구추이

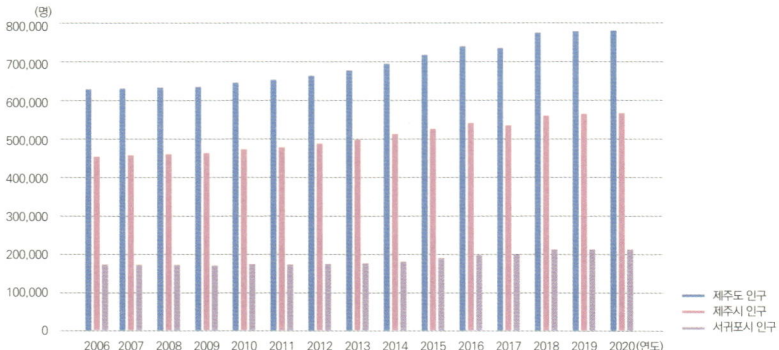

연도별 순유입인구와 순전출인구 변화

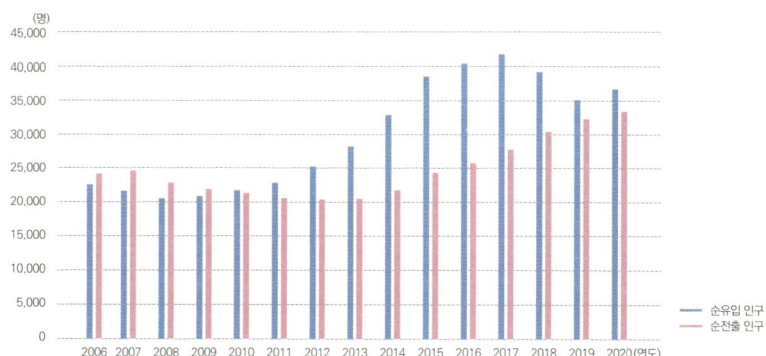

연도별 출생, 사망인구 및 유입인구수 추이

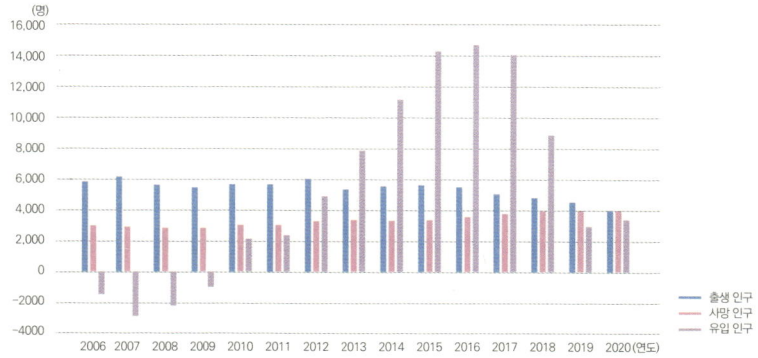

주: 제주통계연보 자료를 근거로 작성

는 사람 혹은 그저 제주가 좋아 정착하는 사람, 타 지역에 주 활동을 하면서 제주에서 힐링을 하기 위해 정착하는 사람 등 다양하다. 이들 이주자들은 단기성이 아니라 장기적으로 제주에서의 정착을 위해 이주한 사람들이다. 따라서 넓게는 제주도민의 한 사람으로 전통적인 제주토박이들과는 다른 경제활동과 사회활동을 한다는 점에서 「신제주인」으로 통칭할 수 있다.

「신제주인」이 만들어내는 이종문화異種文化의 확산과 도시건축으로의 영향

「신제주인」으로서 제주사회에 정착하는 유형을 개략적으로 살펴보면 이주자는 크게 3가지 유형으로 분류할 수 있다.

첫 번째 유형은 기존마을 내의 유휴주택을 매입하여 생활공간과 작업공간으로 개조하여 정착하는 유형이다. 초기 이주자들이 제주에 정착하는 과정에서 가장 일반적으로 시작된 유형이라 생각된다. 안거리와 밖거리의 초가집을 개조하여 카페와 게스트 하우스 혹은 갤러리로 활용하는 형태가 대부분이다. 개축을 중심으로 개조활용 형태도 다양하여 개성 넘치는 인테리어의 멋과 맛으로 관심을 끌고 있는데 침체된 농촌에 활기를 불어넣고 농업과 문화예술이 융합된 새로운 산업에 기반을 둔 농촌으로 탈바꿈할 수 있는 변화로 평가할 수 있다. 즉 과거의 농촌 문화와는 다른 이색적인 농촌문화의 정착을 주도하고 있다는 점에서 평가된다.

그러나 이러한 변화는 과거의 농촌풍경을 크게 변화시키고 있는데 부동산 가격의 상승으로 인해 진행속도는 다소 늦어질 것으로 생각된다. 안덕면 대평리는 이 유형에 해당되는 대표적인 사례이다. 파 중심의 농산물 생산지역으로 알려진 대평리였지만 오래전 물고기 카페의 오픈을 시작으로 다양한 형태로 개발이 이루어지고 있다. 대평리의 경우 현재는 전체 주민의 20%가 이주민이다. 전통적인 마을주민들의 생활방식과 다른 생활과 높아지는 이주민의 비율은 주민 간의 화합과 융합에는 숙제로 남아 있기도 하다.

안덕면 사계리 소재의 게스트하우스

　두 번째 유형은 기존마을에 인접한 토지를 개인 혹은 몇 명이 집단적으로 매입하여 주거지를 새롭게 조성하는 정착하는 유형이다. 대표적인 사례가 가시리 주거단지라 할 수 있다. 이곳은 전통적인 농업마을과 문화예술 마을의 성격이 혼재되어 있는 마을에 카페와 숙박시설, 그리고 일반주거기능이 덧붙여지고 있는 형태의 마을로 변화되고 있는 전형적인 사례이다. 건축양식에 있어서도 고급화, 차별화를 갖기 위해 건축물의 형태와 재료선정에 있어서 나름대로 제주에 대한 생각과 고민의 흔적이 엿보인다. 이러한 성향을 단순히 제주적인가 아닌가의 유무로 판단할 필요는 없다고 생각된다. 이주자의 유입으로 파생되는 색다른 건축문화의 유형으로 받아들일 필요가 있을 것이다.

저지리 주거단지 사례

세 번째 유형은 해안가 혹은 경관이 좋은 지역의 토지를 매입하여 생활공간과 작업공간으로 신축하여 정착하는 유형이다. 애월읍 고내리 해안도로의 카페촌이 대표적인 사례이다. 제주의 해안은 지질적 특성이 만들어 내는 독특한 지형과 청정이미지의 바다가 매력적인 장소이다.

애월읍 고내리 해안도로의 음식점 사례

애월읍 고내리 해안도로의 음식점과
커피숍 사례

제주에 정착한 이주자들의 대부분은 삶의 환경으로서의 가치와 생계유지를 위한 투자가치로서의 고민을 가질 수밖에 없다. 이들의 고민을 만족시킬 수 있는 장소 중의 하나가 바로 해안지역이라 할 수 있다. 해안에 집중되는 음식점과 카페촌은 관광객에게 다양한 볼거리와 먹거리를 제공한다는 측면에서 긍정적인 시각으로 평가할 수 있으나 환경과 경관이 핵심적인 제주의 미래가치를 지켜야 하는 관점에서 볼 때 부정적인 측면이 크다.

「부동산투자이민제」 도입과 제주사회의 변화

　앞서 설명하였듯이, 2010년은 제주사회에 큰 변화가 시작된 시점이다. 순유출인구수 보다 순유입인구가 급속히 증가하는 시점이기도 하고, 5.5억 원의 부동산을 매입하고 5년 거주라는 자격요건이 되면 영주권을 부여하는 「부동산투자이민제」가 도입되면서 중국자본이 대거 유입되기 시작하였던 시점이다. 급속한 중국을 비롯한 국내외 개발 자본의 유입과 인구의 증가는 사회, 경제, 그리고 삶의 풍경 그 자체를 다양한 형태로 제주사회를 변화시켰다. 수적으로는 베이비부머 세대를 중심으로 하는 내국인의 이주자 숫자가 많지만 「부동산투자이민제」로 제주에 영주할 수 있는 자격의 중국인 이주자 숫자도 약 1300여 명 이상에 이른다.

　그러나 국내 이주자든 부동산 투지이민자든 넓게 보면 이들은 제주의 매력과 자신의 삶을 융합하여 살아가려는 「신제주인」으로 기존의 제주사람들과는 다른 가치관을 갖고 제주에 정착하는 사람들이다. 이들이 생각하고 추구하는 삶의 방식에 따라 삶의 풍경 역시 다른 색깔로 변해 갈 것이다. 이종문화異種文化가 자리매김하고 있는 것이다. 우려와 걱정, 갈등의 문제도 상존하고 있지만, 제주사회는 크게 변해 가고 있는 과도기적인 중요한 시점에 놓여 있고 제주의 도시건축 역시 양적 성장과 함께 질적 변화의 과도기에 직면에 해 있다.

　물류와 자본, 사람의 자유로운 이동을 전제로 하는 제주국제자유도시의 흐름 속에 「신제주인」은 향후 지속적으로 증가할 가능성이 높다. 이에 대응하기 위해서는 부동산 가격의 안정, 환경보전과 경관관리, 삶의 질을 높이는 도시와 건축 환경조성, 지역주민과 이주민간의 갈등구조의 해결 등 직면해 있는 문제를 해결하기 위한 제주 도시건축의 방향도 새롭게 정립할 필요가 있다.

고령친화산업의
활성화

　인구 고령화가 급속하게 진행되는 여건을 고려할 때 장기적인 측면에서 주거지원제품을 보다 다양화하여 고령친화산업을 적극적으로 육성해야 할 때이다. 고령자의 삶의 질을 높이기 위해서는 다양한 분야의 고령자 관련산업이 활성화되어야 하고 이들 서비스가 종합적이고 체계적으로 전달되는 시스템 역시 중요하다. 우리나라 고령친화산업은 급속한 사회의 고령화가 진행되고 있으나 법적, 제도적 미비, 그리고 사회적 인식의 중요도가 낮아 산업으로서 활성화가 되고 있지 못한 것이 현실이다.
　특히 고령친화 주거산업의 비중이 다른 고령친화산업에 비해 비중이 그다지 크지 않다는 점도 정책적 개선이 필요한 부분이 된다.
　다가올 초고령사회에서 과거의 의식주衣食住문제가 아니라 새로운 형태의 의식주醫食住가 매우 중요한 산업분야로 자리매김할 가능성이 높음에도 불구하고 산업이 활성화되지 못하고 있다.

　특히, 고령친화 주거산업을 활성화하기 위해서는 보다 산업내용을 세분화하고 다양화할 필요성이 있을 것이다. 즉, 고령친화 주거산업을 단순히 주택개보수와 주택공급에 한정적이지 않고, IT분야 및 기계분야 등의 기술과 연계한 융복합화를 통해 새로운 주거지원상품을 개발함으로써 고령친화 주거산업을 활성화해야 한다. 구체적으로는 고령친화 주거산업을 1) 고령친화 주택부품산업(안전손잡이, 목욕보조의자 등), 2) 고령친화 편의생활가구산업(세면대, 싱크대, 식탁 등), 3) 고령친화 편의설비산업(주택용 리프트, 엘리베이터, 계단이동용 전동의자 등), 4) 고령친화 IT케어산업 등으로 세분화하여 다양한 분야에서 융복합화를 통해 표준화된 상품개발이 이루어져 새로운 산업구조의 활성화를 유도할 필요가 있다. 이를 통해 고령친화산업 역시 활성화되어 안정적인 산업으로 정착하게 될 때 보다 많은 고령세대가 실질적인 혜택을 받을 수 있기 때문이다.

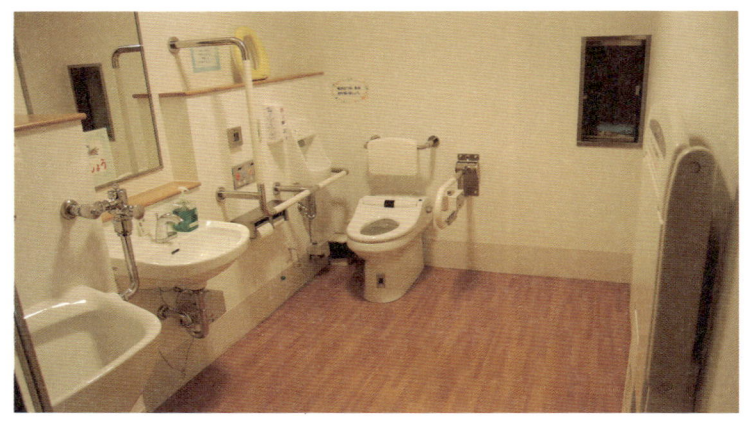

비장애인과 장애인이 공용으로 사용할 수 있는 통합형 화장실(일본 사례)
바닥과 벽의 마감재분만 아니라, 변기와 세면기의 설치 위치, 손잡이의 위치 등이 세심하게 배려되어 있다.

고령친화 욕실부품 이미지
안전하고 쾌적하게 욕실을 사용할 수 있도록 간편하게 설치할 수 있는 손잡이와 보조의자, 욕실 전용의자.

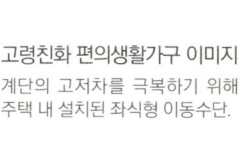

고령친화 편의생활가구 이미지
계단의 고저차를 극복하기 위해 주택 내 설치된 좌식형 이동수단.

고령친화 편의설비 이미지

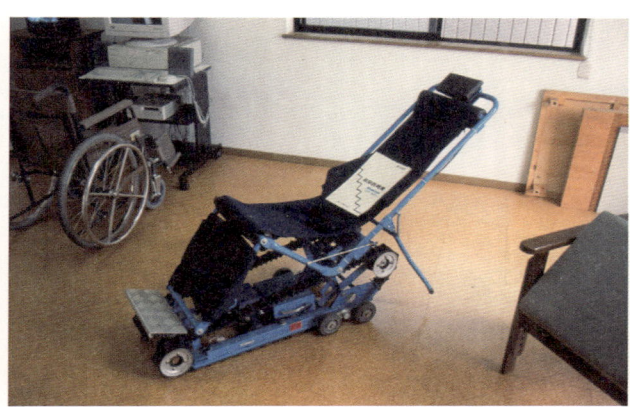

일정한 고저차를 극복할 수 있도록 고안된 전동 휠체어.

휠체어 사용자 및 고령자 등 다양한 사람들이 사용할 수 있도록 높이를 조절할 수 있는 전동 테이블과 수납장.

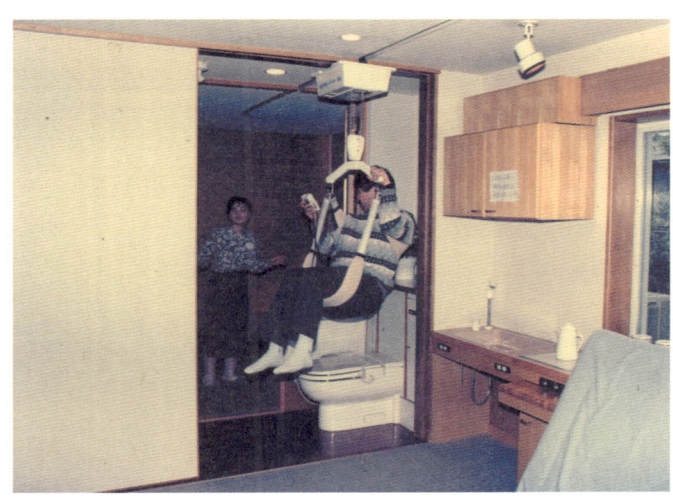

중증 장애인의 자립적인 생활을 돕기 위해 천정에 설치된 리프트
침실에서 화장실, 욕실로 리프트를 조작하는 모습.

「아파트 공화국」논란 이후, 제주도 주택정책은 변하였는가?

　서울을 비롯하여 우리나라 곳곳을 뒤덮은 거대한 아파트촌을 보고 충격을 받았던 프랑스 지리학자 발레리 줄레조가 오랜 연구를 토대로 2007년 『아파트 공화국』(후마니타스)을 출간하였다. 그녀는 책을 통해 한국 아파트의 사회적, 경제적, 정치적 문제를 세밀하게 분석하고 있다. 그녀를 더욱 놀라게 한 것은 아파트가 중산층을 위한 주택이라는 점이었다. 사실 외국의 중산층은 대부분 단독주택이나 연립주택에 거주하고 대규모 아파트 단지는 저소득층이 거주하는 경향이 크기 때문에 지리학자의 눈에는 대한민국의 아파트주거문화가 큰 충격이었을 것이다. 우리나라가 아파트에 열광하는 이유는 주거목적보다는 재테크 목적이 더 크기 때문이다. 우리나라의 주택정책이 경제적 관점에서 시작한 것은 1960년대로 거슬러 간다. 1962년부터 시작된 제1차 5개년 계획에서 주택의 부족량을 건설하는데 역점을 두고 저소득층을 위한 공영주택 건설이 시초다. 1963년에는 공영주택법을 제정하였다. 그리고 이 기간에 주택공사 설치(1962년)와 도시계획법(1962년), 건축법(1962년), 토지수용법(1963년), 주택자금운용법(1963년), 국토건설종합계획법(1963년) 등을 들 수 있다. 과장해서 설명한다면, 경제개발을 진행하는 과정에서 주택이 돈이 되는 과정을 오랫동안 경험하게 된 것이다. 흔히들 아파트 거주의 편리성과 주택보급의 필요성 때문에 아파트를 선호할 수밖에 없다고 하지만 변명에 지나지 않는다. 이미 오래전에 주택보급율이 100%를 넘어섰고 농촌은 빈집으로 넘쳐나는데 오히려 고층아파트는 건설하고 있다. 아파트로 가득한 대한민국의 도시는 경쟁력도 없고 오래 지속될 수 없다고 『아파트 공화국』의 저자 발레리 줄레조는 우리에게 충고하였다. 그녀의 책이 출간된 직후 우리 사회는 자성의 목소리도 적지 않게 나왔다. 그리고 15년이 지난 지금 대한민국의 주택공급정책은 변하였는가?

급등하는 부동산 가격 상승을 억제하고 주거복지를 실현하기 위한 제주의 지역적 여건과 인구구조의 변화 여건, 산업구조의 여건 등을 고려한 임대중심의 공공주택 공급을 확대하고 있지만, 여전히 미흡한 편이다. 공공임대주택은 주택보급율의 문제를 떠나 보편적 주거복지 실현을 위해서 확대해야 하는 것이다. 그러나 주택공급은 단순히 입주자 개개인의 주거생활공간의 의미도 있지만 넓은 의미에서는 도시계획, 지역계획과 맞물려 있는 중요한 도시개발사업이기도 하다. 그렇기 때문에 도시기본계획에서도 사회인프라구축과 함께 주택공급계획도 다루고 있는 것이다. 어느 지역에 어떠한 프로그램으로 주택사업을 추진하는가 하는 공급방식이 중요하다. 그러나 제주도의 경우 도시권을 중심으로 900세대 이상의 대규모 아파트촌 건설에 치중해 왔다. 심각한 점은 도시의 주거문제가 아니라 읍면지역의 주거문제이다. 급속한 고령화, 빈집의 증가, 생산연령인구(15~64세)의 감소, 문화생활인프라의 미비 등 열악한 상태이다. 그렇기 때문에 신혼부부나 청년층이 여유 있게 농촌에서 정착하거나 부모님과 함께 생활하고 싶어도 정주할 수 없는 환경 때문에 고향을 떠나야 하는 악순환이 되풀이되고 있다. 이러한 구조적인 문제를 해결하기 위해서는 대규모 아파트촌 중심의 공급에 치중하기보다는 소규모 생활권 단위의 정비 차원에서 50세대 이하의 아파트 단지로 분산, 공급하여 균형 잡힌 지역발전을 모색하는 전략이 필요한 것이다. 또한 지역주민들이 필요로 하는 문화시설 및 체육시설 등 편의시설 등을 동시에 공급함으로써 종합적인 주거환경정비차원에서 접근하는 주택공급정책의 전환도 필요하다고 생각된다. 다시금 프랑스 지리학자의 충고를 진지하게 생각해 볼 때이다.

저출산대책에서의
청년주거복지의 중요성

- 주거는 행복 추구의 기반이다 -

　인구절벽이라는 국가적 문제에 직면한 우리나라의 저출산고령화 현실을 극복하기 위해 대통령 직속 저출산고령화위원회가 구성되어 저출산문제와 고령화문제에 종합적인 정책들이 추진하고 있다. 특히 저출산의 심각성은 국가의 경쟁력과 직결되는 문제여서 저출산고령화위원회의 정책적 제안을 보완하기 위해 지방현장의 다양한 이야기를 청취하는 것도 중요하다. 수년 전 개최되었던 제주도 현장간담회에서 가임여성들이 출산을 하도록 난임과 불임 등 지원정책뿐만 아니라 출산 이후 보육환경의 만족도를 높이기 위한 정책적 배려의 필요성을 언급한 바 있다. 구체적으로 공공임대주택과 연계된 보육시설, 문화시설의 입지선정, 프로그램개발이 중요하며 그렇기 때문에 추진부서 간의 협력체계구축이 중요하다는 의견도 제시되었다. 그러나 대부분의 참석자들은 이런 자리에 논할 주제가 아니며 주거복지가 저출산대책인가라는 반응이었다. 참으로 저출산고령화에 대한 인식부족에서 기인하는 것이라 생각된다.

　저출산고령화 대응책에는 의료 보건 복지분야의 대응책뿐만 아니라 주거복지에 대한 내용도 다수 담겨 있다. 즉 자녀를 많이 낳도록 하고 자녀를 잘 양육할 수 있는 환경을 제공하면서 주부, 여성들 자신의 삶의 질을 높이는 이른바 생애지원개념을 실현하고자 하는 것이 저출산 대응의 핵심적인 내용이다. 특히 주거 부분에 대한 내용에 대하여 관심을 가질 필요가 있다. 고령화의 문제 심각성도 있으나 저출산의 심각성이 더욱 크기 때문에 이들의 출산율을 높일 수 있는 방안으로 안정적인 주거공간의 확보를 매우 중요시하고 있는 것이다. 사회초년생, 대학청년, 그리고 예비신부, 신혼부부 등 생애주기에서 결혼으로 이어지는 과도기적 단계의 연령이고, 특히 소득 수준이 낮아 주거약자에 해당되는 이들의 안정적인 주거제공을 통해 좋은 일자리를 구하고 일정한 경제소득의 기반 위에 결혼, 출산으로 이어져 건전한 가정을 형성할 수 있기 때문이다. 청년사다리 주택, 신혼부부 주택을 대상으로 하는 다양한 주거정책이 제안되고 있는 것도 이와 같은 이유 때문이다. 그렇기 때문에 주거·복지가 강조되는 것이다. 저출산 문제는 단순히 가임여성들의 출산만을 높이는 문제로 해결될 수 없는 복잡하고 다양한 문제들과 연계되어 있기 때문에 체계적인 접근이 필요하다.

행복의 기준은 사람에 따라 다양할 것이다. 그러나 기본적으로 사람답게 살아가는데 반드시 필요한 조건, 그것이 최소 행복권이 아닐까 생각된다. 최소한의 요건이 바로 의식주이고 우리 생활기반의 가장 기본적인 사항들이다. 잘 먹고 자신의 개성미를 외형적으로 표현하고 아름다운 집에서 이웃과 더불어 살아가는 것, 진정한 행복이라 할 수 있다. 그중에서도 주거는 인간생활의 가장 기본적인 생활공간이며, 주거에 대한 인간요구는, 생물로서 인간이 가지는 요구, 사회적 존재를 위한 요구, 경제적인 측면에서의 요구 등에 의해 성립된다. 그러나 유달리 소유의식이 강한 우리나라의 정서를 고려한다면 주住에 대한 사회적, 경제적 요구가 큰 만큼이나 출산율 저하, 급속한 고령화, 청년 취업난으로 인해 최소한의 주거 행복마저 사치스럽게 느껴지는 것이 현실이다.

주택은 거주의 연속성과 안전성, 그리고 노년기에는 주거의 요양 및 재활적 기능을 갖기 때문에 주거와 복지는 밀접한 연관성을 가진다. 그렇기 때문에 취업난 해소 못지않게 청년들의 주거문제 역시 중요하며 국가적 책임이 뒤따라야 하는 것이다. 다세대 교류형 공공임대주택, 토지임대부 사회주택, 지역형 코어하우스 등 다양한 공공임대주택을 보다 적극적으로 제공하여 궁극적으로 취업난 해결과 결혼, 그리고 출산율을 높이는 선순환적인 연결고리를 만들어 가야 할 때이다. 적은 예산으로도 충분히 실행할 수 있는 정책들이며 파급효과도 클 것이다.

우리의 미래세대인 청년과 신혼부부가 희망을 꿈꾸지 않고 행복하지 않다면 우리의 미래는 없는 것이다. 그래서 가정을 만들어 갈 신혼부부와 청년을 따스한 시각으로 바라보고 지원해주어야 하는 것이다.

인권으로서의
유니버설 디자인

- 생활인프라 확산을 준비하고 있는가? -

    더불어 사는 가치의 중요성이 더욱 강조되고 있다. 사회 복지 전문용어로 노멀라이제이션Normalization이다. 사회의 고령화, 저출산 문제, 1인 및 2인가구의 증가 등 사회구조가 전반적으로 변해가고 있는 상황에서 이념으로서의 노멀라이제이션은 주택정책과 복지정책에 있어서도 큰 영향을 주어 사회적 약자도 지역사회 속에서 함께 살아갈 수 있는 계획방안들이 제시되고 있다. 그중의 하나가 유니버설 디자인Universal design이다. 유니버설 디자인은 장애인 혹은 비장애인이라도 안전하고 편리하게 이용할 수 있는 공간과 각종 편의시설물 만들기뿐만 아니라 고립되지 않고 생활할 수 있도록 사회적 접촉을 늘리는 지원망의 확충도 포함되는 개념이다. 넓은 의미에서 본다면 우리 모두가 인간답게 살아갈 수 있도록 배려해야 하는 최소한의 인권이라 할 수 있다.

원칙1 공평한 이용

원칙4 인지할 수 있는 정보

원칙7 접근과 이용 가능한 규모와 공간

원칙2 이용에 있어서의 유연성

원칙5 실패에 대한 관대함

원칙6 최소한의 신체적 노력

원칙3 단순하며 직관적인 이용

Universal Design 7원칙
출처: https://design.ncsu.edu/

주거환경의 정비 및 개선에 대하여 무엇보다도 중요한 것은 고령자 및 어린이, 임산부 등 사회적 약자 자신들에 있어서 「주택에서 시설로, 시설에서 주택으로의 이동에 대한 안전하고 편리한 접근성의 보장」이라고 할 수 있다. 일반적으로 에스컬레이터, 엘리베이터, 휠체어대응 자동차와 같은 설비적인 측면에서의 접근과 경사로, 평탄한 길 조성과 같은 비설비적인 접근을 모색해 볼 수 있을 것이다. 공간의 설계단계에서 설비적인 측면과 비설비적인 측면에서 몇 가지 핵심적인 사항을 중심으로 생활공간을 구축해 나가는 것이 중요하다.

누구나 이용하는 계단이지만 장애가 있는 경우에도 안전하고 편리하게 이용할 수 있도록 배려되어 있음.

Universal Design의 중요성

첫째, 자동차로부터의 안전성을 확보하기 위해서는 육교나 승강기 등을 구성되는 입체적 혹은 평면적 보차분리가 필요하다.

둘째, 의자 혹은 가로등 가로수 등이 보행자에게 장애물이 되지 않도록 계획되어야 하고 이들 거리가구를 활용하여 이동을 위한 표시 기능물로서 활용할 수 있도록 계획되어야 한다.

셋째, 각종 안내정보의 제공을 위해서는 사람의 이동이 많은 장소에 음성이나 화상에 의한 안내 정보시스템이 제공됨으로써 시각장애자나 청각장애자들도 손쉽게 이동할 수 있도록 계획되어야 할 것이다.

넷째, 지역사회 내에서 각종 편의시설들이 적절히 분포하고 있고 이들 시설로의 접근성을 확보하여야 한다.

고령인구의 급속한 증가로 인해 자연스럽게 후천적인 장애인구가 늘어나고 있고, 각종 사고와 재해에 의한 장애인구도 증가하고 있다. 이제 장애인의 문제는 소수의 문제가 아니라 우리 모두의 문제로 바뀌어 가고 있다.

그럼에도 불구하고, 우리의 여건은 여전히 수많은 장애에 직면해 있는 것이 사실이다. 이와 관련하여, 장애인 관련 협회가 지속적으로 제기하는 문제에 대해 진지하게 귀담아 들어야 할 부분이 적지 않다. 첫째는 유니버설 디자인이 확산되지 않고 있다는 점, 둘째는 행정기관과 장애 관련 단체 간의 소통이 부족하다는 점, 셋째는 장애단체를 비롯하여 일반시민, 주부, 전문가 등 다양한 이해 당사자들이 참여하지 못하는 사업 추진체계였다는 점 등이다. 인권으로의 유니버설 디자인이 왜 확산되지 못하는지 진지하게 생각할 내용들이다. 유니버설 디자인은 삶의 질적 문제이자 인권의 문제이기 때문에 꼼꼼하게 준비해야 하는 것이다. 가이드라인에 문제가 없는지, 부서 간의 협력은 잘 되고 있는지, 우선순위의 사업 설정과 내용들이 합리적인지 등에 대해 점검해 볼 필요가 있다.

06

제6장 기억과 추억의 장소, 공간

개발을 하지 않으면 제주가 어떻게 발전하는가,
지속적인 개발만이 대안이라고 항변하는 이들도 적지 않다.
그러나 중요한 점은 개발에 대한 인식과 접근방법의 고민과 노력에서 시작되어야 한다.

- 땅의 가치를 존중하는 것
- 많이 개발하는 것보다는 적게 개발하는 것
- 땅이 갖는 문화적 의미를 존중하는 것
- 제주사람들이 추구하여 왔던 삶의 양식과 가치를 존중하고 생활의 영속성을 확보하는 것
- 오래되고 낡은 것의 가치를 존중하는 것
- 유형과 무형의 자원들에 대하여 공존과 조화, 절약하는 것
- 기억, 추억, 애정, 애착이 가는 장소와 공간을 창출하는 것

일본 문학계의 거장,
시바 료타로司馬遼太郎가 본 제주도

시바 료타로司馬遼太郎는 일본 문화문학계를 대표하는 인물이다. 그는 『올빼미의 성城』이라는 장편소설로 일본의 권위 있는 문학상인 나오키상直木 賞을 수상하며 주목받았다. 간결하면서도 감미로운 필체의 문학작품 때문에 가장 많은 독자층을 갖고 있는 역사소설가로 평가받고 있다. 그의 작품 중에 『탐라기행』(학고재, 1998년)이라는 책이 있다. 제주를 기행 하면서 만나고 보고 듣고 느낀 점들을 간결하게 정리한 책이다. 굳이 「제주기행」이라는 표제를 쓰지 않고 『탐라기행』이라 표현한 점은 제주의 역사를 잘 이해하고 있기 때문일 것이다. 『탐라기행』 초입부에서 그는 젊어서부터 꼭 방문하고 싶었던 곳으로 몽골 고원과 피레네 산맥의 바스크 지방, 아일랜드 섬과 헝가리 평원, 그리고 제주도를 언급하고 있다. 그리고 소주제에서 제주를 불로불사不老不死의 이상향으로 표현하고 있다. 이상향의 제주! 마치 신선이 살고 있는 듯한 표현으로 부언附言을 하면서 그리 무겁지 않은 글로 제주풍경 속에 새겨진 역사와 문화를 다양한 시각들로 써 내려가고 있다. 사람과 사람에 대한 이야기, 역사에 대한 이야기, 땅에 대한 이야기와 풍경의 이야기 등 그의 진솔하면서도 내면 깊이 느꼈던 제주의 깊은 가치를 이야기하고 있다.

시바 료타로는 1996년 2월 73세로 작고하였다. 시바 료타로가 2022년 다시 제주를 방문하였다면 어떠한 글로 제주를 표현하였을까? 마치 몽골의 대초원지대의 풍경과 흡사함에 감탄하였던 한라산 중산간 기슭에 펼쳐진 광막한 초원지대, 아름답지만 애환이 서린 해안지역에 속속 들어서는 숙박시설중심의 대규모 리조트개발과 대규모 해안매립, 초고층건축물, 카지노 사업 등 자본의 논리에 따른 물리적 개발이 마치 성장과 발전의 모델이라는 환상 속에 살아가는 우리들의 삶을 보면서 그는 상당한 혼란에 빠지지 않았을까 생각해 본다.

분명한 것은 현재와 같은 과도한 이익추구의 개발은 일시적으로는 경제가 활성화되는 것처럼 보이지만 시간이 지날수록 그 가치는 반감될 수밖에 없다는 점이다. 일종의 착시현상이 클 수도 있을 것이다. 개발을 하지 않으면 제주가 어떻게 발전하는가, 지속적인 개발만이 대안이라고 항변하는 이들도 적지 않다. 중요한 점은 개발에 대한 인식과 접근방법의 고민과 노력에서 시작되어야 하는 것이다.

- 땅의 가치를 존중하는 것,
- 많이 개발하는 것보다는 적게 개발하는 것,
- 땅이 갖는 문화적 의미를 존중하는 것,
- 제주사람들이 추구하여 왔던 삶의 양식과 가치를 존중하고 생활의 영속성을 확보하는 것,
- 오래되고 낡은 것의 가치를 존중하는 것,
- 유형과 무형의 자원들에 대하여 공존과 조화, 절약하는 것,
- 기억, 추억, 애정, 애착이 가는 장소와 공간을 창출하는 것.

제주의 역사와 문화, 삶의 기반인 제주의 땅을 단순히 이익창출 우선의 개발대상으로 보기보다는 새로운 가치부여와 장기적인 발전의 가능성을 유지해 나가려는 인식전환과 정책변화에서 시작되어야 하는 것이다.

육지로 연결될 수 없는 땅 제주, 육지로 만들고 싶은 욕망

수년 전부터 제주도와 전라남도를 연결하는 총 167㎞의 해저고속전철을 건설하자는 논의가 전라남도를 중심으로 제기되어 왔다. 2010년에도 해저고속전철 건설에 대한 토론회가 전라남도에서 개최되었고 전라남도 차원에서는 구상실현을 위한 조직도 구성되었다. 특히 2010년 제주에 몰아친 한파로 제주공항이 한때 마비가 되면서 더욱 해저터널 건설에 대한 목소리가 전라남도를 중심으로 커졌던 것도 사실이다. 제주에서는 분명 육지나들이가 그다지 편하지 않은 탓에 귀가 솔깃해지는 이야기이다. 그럼에도 불구하고 단순한 편의성만으로 해저터널 건설에 찬성하고 동의할 수 있는 문제는 아닌 것 같다. 만약 제주도가 해저터널로 연결된다면 무엇보다 가장 먼저 고민해야 할 부분은 정체성에 대한 훼손문제와 기존산업구조, 생활구조에 대한 부정적인 영향에 대한 문제들이다.

제주에는 수많은 신화神話가 존재한다. 이와 관련하여 제주의 특별함을 보여주는 신화가 전해진다. 거대한 몸집을 가진 여신, 설문대할망에게 제주사람들은 명주속옷 100동을 만들어주는 조건으로 제주의 땅을 육지와 이어줄 것을 요청하게 된다. 그러나 제주사람들은 명주속옷 1동을 준비하지 못하여 제주는 육지로 연결되지 못하였다는 이야기다. 제주사람들에게는 육지로 연결되는 것이 척박한 땅, 고달픈 삶, 제주의 한계를 벗어나 새로운 이상理想으로 꿈꾸며 육지로의 연결을 간절히 희망하고 있었던 것인지 모를 일이다. 제주는 육지로 연결될 수 없는 태생적 한계를 안고 만들어진 비운의 섬이라고 할까! 비록 제주와 육지가 이어지지 않았지만 설문대할망이 앞치마로 흙을 날라 쌓은 것이 지금의 한라산이 되었고 치마사이로 떨어진 한

줌의 흙들이 오름이 되었다. 설문대할망은 한라산과 오름 등 위대한 자연의 유산을 제주사람들에게 남겨주었다. 태생적 한계와 태생적 위대함을 균형 있게 마련해준 것이다. 그래서 제주의 땅이 아름답고 신비로운 것이며 우리는 이곳에서 커다란 영감을 얻는 것이다.

오랜 세월이 흘러 또다시 제주를 육지로 연결하자는 현대판 설문대할망의 이야기들이 제시되고 있는 것은 또 다른 의미를 갖는 것 같다. 이제는 제주사람들이 요청하는 것이 아니라 육지 사람들이 먼저 육지로 연결하자고 요청하는 모양새다. 제주도와 전라남도의 균형 잡힌 발전, 관광객에게 안전하고 편리한 교통편의성 제공 등 해저고속전철건설의 당위성도 다양하다. 제주~전남 해저고속전철이 건설된다면 안정적인 교통수단을 통해 더욱 많은 관광객이 제주를 방문하겠지만 1박 2일 혹은 1일 관광형태로 변화될 가능성이 크며 이는 궁극적으로 관광객 증가로 인한 환경부담이 증가하는 것이 비해 상대적으로 제주의 경제에 오히려 부정적인 영향으로 이어질 가능성이 클 수밖에 없을 것이라는 우려도 공존하고 있다. 경제적 파급효과만을 중시하는 것은 본질에서 벗어난 것이다. 게다가 현재로서는 제주의 제2공항건설추진에 따른 도민갈등이 첨예하게 대립되고 있는 상황에서 해저고속전철건설에 대해서는 제주도의 행정당국이나 도민들이 그다지 관심을 갖고 있지 않는 것이 제주의 현실이다. 해저고속전철건설을 절실히 희망하는 전라남도와는 다른 입장인 셈이다. 마치 명주속옷 1동이 부족한 느낌이다.

섬은 섬다워야 한다. 제주도는 대한민국을 대표하는 섬이자 생태계의 보고寶庫, 슬프고도 아름다운 신화神話가 담긴 섬이다. 그러나 막대한 비용을 들여 건설할 해저고속전철이 육지와 이어지는 순간 제주도濟州島는 더 이상 섬으로서의 의미와 가치가 상실되어 버릴 수도 있을 것이다. 편의성과 경제성 추구에만 가치관을 두고 있는 사이, 제주만이 갖는 진정한 장소의 가치, 삶의 가치가 상실되지 않는지 좀 더 진지하고 겸허하게 고민해야 한다.

왜, 옛 길인가?

제주 땅이 만들어내는 고유의 경관과 삶의 공동체가 각종 개발로 인해 훼손되고 있다는 비판이 적지 않다. 무분별한 도로확장과 개설, 고층화 되어 가는 빌딩, 땅 위에 새겨진 인문학적 가치를 충분히 고려하지 못한 채 훼손시키고 있다. 도로는 단순한 길이 아니다. 여기에는 지역과 지역을 연결시키고 물자의 흐름이 이루어지는 삶의 공간의 활동 매개체이다. 따라서 그 주체는 사람이어야 하며 도로도 사람을 위한 길이 되어야 하는 것이다. 토목중심의 길에 대한 반발로 개설된 것이 올레길이다. 그러나 걷기 열풍을 불러일으킨 올레길은 기본적으로 기존 옛길과 옛길을 연결하거나 새롭게 개척하여 연결한 보행길이라는 측면에서 옛길과는 다르다. 올레길은 옛길을 기반으로 하고 있지만 일정 부분 인위적인 요소가 가미된 보행길이다. 반면 옛길은 특정한 장소와 장소, 공간과 공간으로 이동하기 위해 자연스럽게 조성된 오래된 길, 생활 속의 보행길이라는 측면에서 올레길과는 기본적으로 다르다.

그렇기 때문에 제주의 옛길은 이동의 통로이자 생활공간과 직결되는 공공장소이며 도시, 마을 전체의 생명력을 불어넣는 핏줄과 같은 공공공간이라는 측면에서 보존의 가치가 매우 크다. 걷는 즐거움이 있는 도시, 마을을 만들기 위해서는 지역생활사의 단면을 보여주는 옛길의 보전과 활용이 매우 중요하다. 옛길을 보존하고 효율적으로 활용하기 위해서는 명확한 방향 설정이 필요하다.

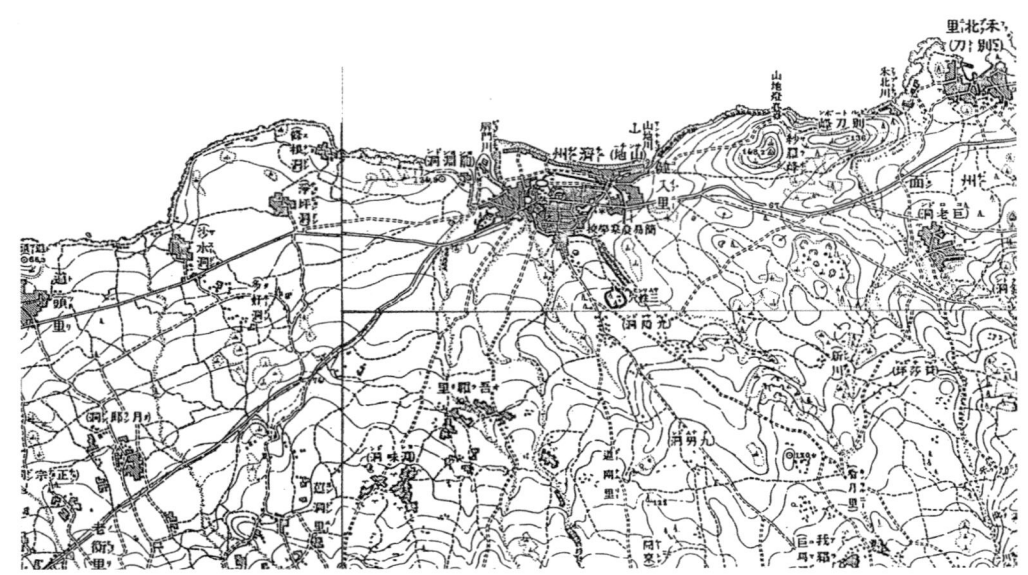
1918년 지도(조선총독부 임시토지조사국 제작)로 본 제주시 원도심과 주변 일대의 옛길

첫째, 1914년 지적도를 활용한 제주도 전제의 옛길 조성도 등 DB를 구축하는 것이다. 제주도 전역의 옛길을 파악과 대동여지도 등 현존 고지도를 활용하여 옛길의 비교 분석하는 작업을 통해 새로운 도로를 개설하거나 마을만들기 사업추진에 반영하는 것이다.

둘째, 옛길 DB자료를 활용하여 위성사진과의 비교분석을 통해 원형유지, 훼손, 복원 등 전반적인 옛길상태를 파악하여 보전 및 활용을 위한 우선순위를 결정할 필요가 있다.

셋째, 보전 및 활용계획에 근거하여 마을만들기 사업, 도시재생사업과 연계할 수 있도록 행정적인 지원과 연계를 위한 제도적 근거마련도 필요하다.

느림의 미학, 힐링의 제주에는 이제 도로개설보다는 사람을 위한 기존 도로의 정비와 함께 아주 오랜 옛날 제주사람들이 삶의 체취가 남아 있는 옛길에 많은 관심을 가져야 할 것이다. 좋은 길은 좁을수록 좋고 그런 길일수록 사람과 자연의 체취를 느낄 수 있는 길이라는 것을 인식전환이 필요한 때이다.

죽음과 희생을 기억하는 공간

 정치가들은 사회적 이슈가 있는 시기에는 호국선열이 잠들어 있는 국립묘지를 참배함으로써 대중에게 자신의 정치적 의지를 강하게 표출한다. 묘지는 망자의 휴식공간이자 산자에게는 기억의 공간이다. 특히 국립묘지는 정치적, 사회적 이슈가 강하게 존재하는 공간이다. 국립5·18민주묘지를 볼 때마다 죽음과 죽은 자를 기억하는 공간에 대하여 많은 생각을 해보곤 한다. 우리나라 국립묘지의 대부분이 그러하듯 국립5·18민주묘지 역시 일정한 위계성과 권위성을 갖는 추모의 공간으로 구성되어 있다. 죽은 자에 대한 숭배, 존엄에 가치관을 두고 산자와는 엄격하게 구별되는 전형적인 묘지로 공간화되어 있다. 대표적인 적인 것이 죽은 자의 공간으로 향하는 진입공간, 그리고 중앙에 위치한 높은 두 개의 구조물이 마주 보며 알을 보듬고 있는 듯한 형상의 추모탑을 들 수 있다. 기본적으로 수직적 형상물은 권력과 권위의 상징물이다. 5·18민주화가 갖는 자유와 민주, 그리고 평등한 공동체와 같은 대중적인 개념과는

국립5·18민주묘지
중앙진입로 따라 진입하는 공간과 좌우대칭 그리고 높고 큰 상징구조물은 권위적이어서 국가폭력에 의해 희생된 추모공간의 분위기와는 상반되는 느낌이다.

구 5·18묘지
5·18 당시 급하게 조성한 묘지이지만 당시의 시대상황을 보여주는 것이자 억울하게 촘촘히 세워진 묘지의 배치와 비석, 사연이 담긴 글과 사진들은 희생당한 망자들의 한을 느끼게 한다.

다소 거리감이 있을 수밖에 없는 형상이다. 오히려 구舊 5·18민주묘지가 죽음에 대하여 좀 더 깊이 생각해 볼 수 있는 공간으로 강하게 느껴진다.

시대와 장소가 다를 뿐 제주에도 죽음과 희생을 기억하고 정신을 계승하기 위해 4·3평화공원이 조성되었다. 이곳 역시 공간과 규모, 그리고 건축물이 권위적인 풍경이 지배하고 있기는 마찬가지이다. 이와 같은 문제 때문에 건립초기에 논란이 되기도 하였다.

죽은 자를 기리는 기념공간이 갖추어야 할 점은 시설의 규모의 문제가 아니다. 가장 중요한 것은 정치적 이념의 차이와 무모한 전쟁, 정치적 폭력으로 희생되었음을 영원히 잊지 않으면서 동시에 다음 세대에 기억의 메시지가 강하게 전달되어야 한다. 대표적인 평화시설물이 미국 워싱턴에 있는 베트남 참전기념관(마야 린Maya Lin 설계)이다. 이 평화시설은 일반적인 기념관의 상식을 깨고 내부공간이 없는 단순한 외부 구조물의 기념관이다. 지면을 따라 서서히 내려가면서 베트남전에서 전사한 군인들을 기리는 기념물각명비이 관람들에게 전개되며 이 순간에 기념물의 위에는 산자관람객의 그림자가 기념물 표면의 죽은 자의 이름 위에 교차함으로써 영혼과의 교감과 추모의 마음이 발생하도록 의도되어 있다. 그리고 산자는 다시 지면 위로 나가는 공간구조이다.

마야 린이 설계한 베트남 참전기념관
일반적인 기념관에서 볼수 있는 출입구와 전시관이 없는 기념관이다. 경사진 지면을 따라 자연스럽게 죽은 자의 이름이 새겨진 각명비와 만나게 된다.

검은색의 각명비에 새겨진 죽은 자의 이름과 산자의 모습이 투영되면서 삶과 죽음의 의미와 가치를 인식하게 된다.

죽은 자를 기리는 공간을 지나면 경사로를 따라 자연스럽게 베트남참전기념관을 벗어나게 된다.

또 죽은 자를 기억하는 공간의 대표적인 사례로 스웨덴 스톡홀름 스코그쉬르코고덴Skogskyrkogarden 묘지가 있다. 스웨덴의 스톡홀름 시립 스코그쉬르코고덴 묘지는 1920년 젊은 건축가 군나르 아스푸룬드Asplund와 시구르드 레베렌츠Lewerentz가 설계한 스톡홀름시에 위치한 약 30여만 평 규모의 종합 장묘 시설이다. 전체 면적은 108ha(30여만 평)에 정도이며 장례식장이 3곳, 화장장이 있고 벽식 납골묘, 매장묘, 납골묘, 산골장소, 명상의 언덕으로 구성되어 있다. 커다란 원의 형태를 하고 있는 언덕 맨 위의 공간은 12그루의 을무스나무가 심어진 4각형으로 만들어졌다. 자연의 절대 진리를 원으로 보고 그 안에 속해 있는 인간의 가치를 4각형으로 본 것이다. 살아서든

죽어서든 자연의 일부이며 자연과 동화되고자 하는 스웨덴 사람들의 정서를 반영한 것이다. 이후 묘지의 건축과 주위 경관이 하나의 기능적 조화를 이루고 있고 이상적인 공동묘지의 문화적 공간로 평가받아 1994년 유네스코에서 세계문화유산으로 지정되었다. 국립제주현충원도 문화적 가치를 포함할 수 있어야 함을 의미하는 것이다.

우리나라의 국립묘지는 묘지공간조성, 묘비형태, 건축 양식 등에 있어서 적지 않은 문제가 있다. 일반적으로 대부분의 국립묘지가 획일적인 형태를 띠고 있고 묘비형태도 획일적인 문제를 안고 있다. 또한, 권력을 상징하는 크고 높은 구조물과 유사한 상징물이 건립되어 지역의 문화와 안장자의 특성이 적절히 표현되면서도 주변환경과 어울리는 조형물이 되지 못하고 있다. 여전히 넓은 면적에 높고 큰 상징적인 구조물이 있어야 한다는 묘지문화에 대한 고정관념이 행정기관이나 일반 시민들의 의식구조를 지배하고 있다. 죽음과 죽은 자, 그리고 희생에 대하여 추모하는 방식을 이제는 좀 더 진지하게 고민해야 할 때가 온 것 같다.

군나르 아스푸룬드Asplund와 시구르드 레베렌츠Lewerentz가 설계한
스코그쉬르코고덴Skogskyrkogarden 묘지의 화장장(왼쪽)과 명상의 언덕(오른쪽)

제주대학교의 상징, 옛 본관의 복원재론

2022년은 제주대학교 개교 70주년이다. 70주년을 맞이하여 철거된 용담 캠퍼스의 제주대학 옛 본관 복원에 대한 제안이 관심을 끈다. 제주대학 옛 본관은 제주대학이 국립대학으로 승격되면서 첫 시설 확충사업으로 지어졌고 많은 사람들의 가슴속에 영원한 제주대학교의 상징으로 자리 잡고 있다. 우리 건축계 거장巨匠 김중업의 역작이다. 건축가 김중업의 제주도에 대한 관심과 애착은 건축가의 역할을 넘는 것이었기에 철거된 제주대학 옛 본관의 의미와 가치가 더욱 커져 보인다.

용담캠퍼스 내 준공직후의 제주대학 옛 본관(아래 □)과 초기 용담캠퍼스시절의 교육시설(위 □)
(1967년 항공사진)

옛 본관 외형은 멀리서 보면 하늘로 웅비할 듯한 모습이었다. 아마도 부지가 바다에 인접해 있고 제주도가 섬이라는 장소의 이미지를 의식하여 전체 외형이 설계되었을지 모른다.

제주대학 옛 본관의 형태 구성은 크게 몸체부분과 외부 경사로 구성되어 있다. 몸체 부분은 원만한 곡선으로 디자인되어 가늘고 긴 입면의 단조로움을 피하기 위해 부분적으로 곡선면을 돌출시켜 2, 3개의 면으로 구성되어 있다. 내부와 외부를 연결하는 외부 경사로는 상당히 유연한 곡선으로 디자인되어 있으며 입면의 형태와 기능과는 전혀 다른 형식을 취하고 있다. 경사로는 전면과 후면, 우측 측면에 각각 1개소 총 3개소로 구성되어 있다. 현관은 조개 껍질을 펼쳐 놓은 듯하고, 2층과 3층으로 연결되는 후면 경사로의 기하학적 곡선은 해초류의 이미지를 연상시키며 바다의 생명력이나 제주도의 역동적 이미지와 같은 맥락에서 이해할 수 있을 것이다. 경사로는 고저차를 극복하며 외부와 내부를 연결하는 통로의 기능이지만 타원체의 경사로를 통해 이동하는 과정은 해안 인근에 위치한 장소적 특성상 주변에 넓게 펼쳐지는 바다와 오름, 하늘을 즐기며 이동하는 희유적 공간이다. 제주대학 옛 본관의 상징성을 잘 보여주는 디자인 요소이기도 하다.

그러나 건물 지반이 약하고 콘크리트 중성화에 따른 성능저하와 염분에 의한 철근 부식 등 구조적으로 보수·보강이 불가능하다는 이유로 1995년 10월 2일에 불행하게도 철거되었다.

제주대학 옛 본관 후면의 경사로
2층과 3층을 연결하는 경사로는 위로 진입할수록 좁아지며, 휘감아 돌아 진입하는 형식으로 넓게 트인 부지 주변의 다양한 풍경을 즐길 수 있는 유희의 장소이다.

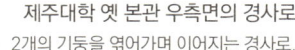

제주대학 옛 본관 우측면의 경사로
2개의 기둥을 엮어가며 이어지는 경사로.

단순히 법적 논리와 예산문제만으로 접근 논의를 하기보다는 기억과 욕망, 그리고 기호의 복합체로서 건축과 건축가 작품에 대한 논의 위에 복원·추진이 필요하다. 제주대학 옛 본관 복원은 여러 가지 복합적인 문제 해결이 필요한 부분이다.

첫째는 복원의 범위 문제이다. 복원 시 현행법을 적용하여야 하기 때문에 활용방안에 따라 구조보강문제와 설비보강문제 등이 이루어져야 할 부분이다. 적용조건에 따라 원형복원이 어려워질 수 있는 문제이다.

둘째는 복원 후 활용문제이다. 복원이 정상적으로 추진된 이후에는 공간을 효율적으로 활용하는 것은 건축의 생명력을 유지하는데 매우 중요한 요소이다. 활용방안에 따라 내부 공간의 원형성 유지도 고려해야 할 부분이고 복원위치도 결정될 수 있는 문제이다.

셋째는 복원비용의 문제이다. 과거의 시공방식을 적용한 복원추진 등 복원방식에 따라 적지 않은 비용이 소요될 것으로 보인다. 그렇기 때문에 복원에 따른 사회적 합의와 당위성을 확보해야 하는 것이다.

2022년은 건축가 김중업 탄생 100주년이자, 제주대학교 개교 70주년이다. 제주대학의 상징, 옛 본관 복원이 새로운 화두인 것은 매우 뜻깊은 일이다. 건축계뿐만 아니라 제주사회 구성원들의 지혜를 모아 복원 논의가 활발히 진행되어 복원되는 날이 오기를 기원해 본다.

07

제7장 기후변화와 녹색도시건축

제주지역은 독특한 기후적 특성을 갖고 있어 기후변화에 매우 민감하며 변화에
큰 영향을 받을 수밖에 없기 때문에 친환경 도시건축의 디자인이 중요하다.
도시건축개발의 목표를 첫째 도시차원의 도시열섬 현상 방지, 둘째 삶의 질 개선,
셋째 효율적인 에너지 활용, 넷째 친환경 에너지사용의 확대,
다섯째 재해예방의 효율성에 두어야 한다.
세부적으로는 공원의 네트워크와 녹지공간의 확대를 통해 열섬현상 방지와
삶의 질을 높일 수 있을 것이다.
특히 도시 공간뿐만 아니라 건축물과 그 주변공간을 크고 작은 나무와 꽃들로 조성하여
지역사람이나 거리를 지나는 시민의 생활공간을 보장해 주는 것이다.

또한 주요 간선도로를 따라 녹지도로를 형성하고
주요 공원이나 지역으로 연결하여
공원중심으로 생활공간을 재편하는 것이다.

토지개발문제

– 제러미 리프킨Jeremy Rifkin의 메시지를 다시 생각해 본다 –

노태우 정권 때 제시되었던 토지공개념은 토지소유의 제한, 일정 토지초과분 과세, 개발이익환수, 이를 3축으로 하여 토지개발로 인한 불평등을 해소하고 토지사용의 공공성을 강화하기 위한 것이 핵심 사항이다.

토지소유와 개발의 연장선상에서 본다면 과거 수십 년간 개발논리로 발전을 꿈꾸어온 제주도가 고민을 해야 할 문제이다. 기계문명과 인본주의 사상이 지배해 온 20세기 인류문명은 과도한 인위적인 환경의 확대를 가져왔고 인간과 환경의 유기체적 삶의 연결을 파괴하는 결과를 초래했다. 또한 동양적 세계관이 수용된 유기체적 세계관이 발달하면서 인간 대 자연의 대립이라는 서양의 이원론적 사고는 인간을 자연의 한 부분으로 인식하는 생태학적 패러다임으로 바뀌게 되었다. 그렇기 때문에 경제적 이익창출을 목적으로 하는 산업적 차원의 접근보다는 미래의 소중한 자원이자 살아있는 모든 생명체의 근원인 자연환경, 토지의 가치를 공유하고 보호해 가려는 실천적인 노력의 진정성이 중요하다고 할 수 있다.

제주사회의 현실은 지역경제를 활성화시킨다는 개발명목으로 수십만 평의 국공유지를 민간개발업자에게 매각하여 대규모 개발이 이루어져 왔고, 역사적 문화적 가치를 가진 마을의 공동목장은 개발의 대상지가 되었다. 특히 시설물의 고도를 완화하거나 사업지구의 요건을 완화시킴으로써 특혜 논란과 환경, 경관 훼손의 논란이 끊임없이 이어져 왔다. 그 배경에는 결과에 집착하는 정책결정자들의 문제도 적지 않지만, 개발에 대한 지역주민들의 보상심리에서 기인하는 문제가 있다.

제주의 동북지역에 밀집되어 있는 오름과 공동목장 분포
주: 붉은 색은 중산간 지역 표시.

제주의 대표적인 문화유산인 공동목장분포
공동목장의 대부분은 제주의 허파라고 할 수 있는 중산간(中山間, 녹색 선형 부분) 지역에 집중되어 있다. 즉, 공동목장의 과도한 개발은 중산간 지역의 경관과 환경훼손으로 이어지는 것을 의미한다.

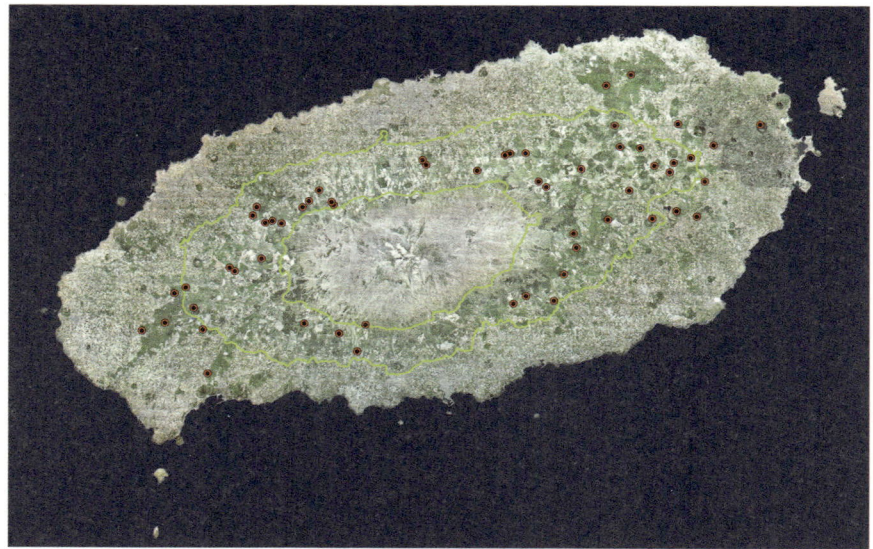

세월이 흘러도 불행하게도 여전히 대규모 아파트단지를 위한 택지개발사업, 대규모 도로건설사업, 그리고 한라산 국립공원에 근접하여 대규모 관광단지가 추진되고 있거나 추진될 예정이다.

미래학자인 제러미 리프킨Jeremy Rifkin은 대표적인 저서 『노동의 종말』(민음사, 2005년), 『소유의 종말』(민음사, 2001년), 『육식의 종말』(시공사, 2002년)에서 인문분야와 자연분야에 걸쳐 폭넓은 지식을 통해 인간의 생활방식과 급속하게 발전하는 과학기술이 경제, 노동, 사회, 환경 등에 어떠한 영향을 주는가를 논리적으로 비판하여 왔다. 특히 『육식의 종말』에서는 육식을 위해 인간의 과도한 개발과 소비가 얼마나 지구환경을 파괴하고 있으며 국가와 국가 사이에서 사람들의 삶이 불평하게 변하고 있는가를 설명하고 있다.

환경의 중요성, 넓게 본다면 토지가 갖는 공공성의 가치에 대해 강조한 측면도 있다. 아름다운 땅 제주, 제주다움의 원동력인 땅에 대한 새로운 메시지를 전달하고 있다. 제주사회가 경제발전에 초점을 두고 추진하고 있는 개발논리와 그 결과가 진정으로 도민의 삶의 질을 높이는 것인가, 진정으로 제주의 귀중한 자연유산을 아끼고 사랑하며 가치를 극대화할 수 있는 것인가에 대한 비판적인 자기성찰의 시각으로 들여다보게 한다. 토지개발과 환경보전, 삶의 질을 어떻게 해야 하는지를 실천적인 방식을 다시금 생각하게 하는 부분이다. 정치인과 행정관계자들이 한번 읽어보기를 권하고 싶다.

기후변화대응

- 친환경 도시와 건축정책을 강화해야 한다 -

1760~1840년, 약 100년 동안 유럽을 중심으로 확산된 산업혁명은 생산과 삶을 변혁시킨 혁명이었지만 유한(有限)한 자원을 짧은 기간에 소비하고 환경을 파괴하는 결과를 가져왔다. 이로 인한 기후변화는 일상생활에 적지 않은 영향을 주고 있는 것이 사실이다. 잦은 국지성 호우와 재해가 발생하는 현상은 심각히 고민해야 할 부분임에는 틀림없다. 지구환경에 대한 고민은 이미 1992년 브라질에서 개최되었던 「Global Summit」의 리우선언에서 환경친화적인 개발의 중요성이 논의되기 시작하였다.

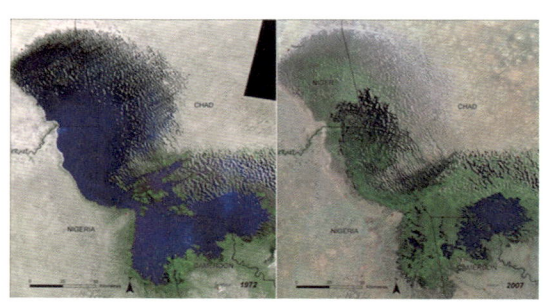

UN이 발표한 아프리카의 나이지리아 인근 호수의 1972년과 2007년 사이의 변화.
넓은 호수가 메말라 땅으로 변하여 기후변화의 심각성을 보여준다.(인용자료)

이후 건축에 대한 기본개념인 「인간이 거주하며 모든 쾌적한 생활을 영위하기 위한 공간」이라는 차원을 넘어, 현세와 후세에 걸친 인류의 생존과 지구환경문제에 기여하기 위한 도시와 건축분야의 대안으로서의 공간환경 전략이 중요해지고 있다. 세계 각국이 지구환경에 주는 부하량을 줄이도록 도시 및 건물의 공간과 마감재, 에너지 사용문제 등에 있어서 환경친화적이고 환경생태를 고려한 디자인 개발, 그리고 표준화된 인증기준을 마련해 오고 있다.

제주지역은 독특한 기후적 특성을 갖고 있고 이는 기후변화에 매우 민감하며 변화에 큰 영향을 받을 수밖에 없기 때문에 친환경 도시건축의 디자인이 중요하다고 생각된다.

친환경 도시건축조성의 목표를 첫째 도시차원의 도시열섬 현상 방지, 둘째 삶의 질 개선, 셋째 효율적인 에너지 활용, 넷째 친환경 에너지사용의 확대, 다섯째 재해예방의 효율성에 두어야 한다.

세부적으로는 공원의 네트워크와 녹지공간의 확대를 통해 열섬현상 방지와 삶의 질을 높여야 한다. 예를 들면 도시 차원에서는 도시 공간뿐만 아니라 건축물과 그 주변공간을 크고 작은 나무와 꽃들로 조성하여 지역사람이나 거리를 지나는 시민의 생활공간을 보장해 주는 것이다. 또한 주요 간선도로를 따라 녹지도로를 형성하고 주요 공원이나 지역으로 연결하여 공원중심으로 생활공간을 재편하는 것이다.

건축차원에서도 에너지 절약, 자원 절약 및 재활용, 자연환경의 보전, 쾌적한 주거환경의 확보를 목적으로 설계, 시공, 운영 및 유지관리, 폐기까지 건축물의 모든 수명주기Life Cycle 중에 발생하는 피해가 최소화되도록 계획된 건축물을 적극적으로 확대해 나갈 필요가 있다.

건축물을 계단식 경사형으로 조성하여 공원과 보행로에서 자연스럽게 접근할 수 있도록 개방된 옥상공원. 아크로스 후쿠오카福岡 사례

다양한 꽃으로 입면 녹화된 교토京都의 상업건축 사례

　　이미 제주형 친환경건축 가이드라인이 마련되어 있다. 합리적이고 효율적인 도시건축에서의 기후변화 대응으로 시민들이 파급효과를 느낄 수 있도록 구체화하는 사업들이 필요한 시점이다. 제주시와 서귀포시 공원을 중심으로 시범조성지역으로 검토하고, 공공시설 혹은 공공주택을 몇 곳을 실증센터로 하여 제주형 기후변화에 대응을 위한 도시건축의 데이터를 지속적으로 수집 분석하여 도시와 건축정책, 관련사업에 반영하는 등 세밀하고 체계적인 접근 해야 한다. 과거와 같은 개발방식으로는 이제 우리의 삶과 생활공간을 유지할 수 없는 시대에 직면해 있기 때문이다.

수정되어야 할 탄소제로의 섬, 제주구상

　우리나라는 2015년 프랑스 파리에서 개최된 제21차 유엔 기후변화협약 당사국총회 연설에서 제주도내 차량의 100%를 전기차로 전환하고, 전력공급 전량을 신재생에너지로 충당하겠다는 의지를 피력한 바 있다. 이때 환경 및 에너지 정책을 추진할 핵심지역으로 제주가 새롭게 주목받았다는 점은 고무적인 일이다. 그러나 2015년 당시 언론을 통해 소개되는 탄소제로의 섬, 제주구상은 특정 영역에만 치중되어 추진되는 것이었다. 실천가능의 여부를 떠나 내용적인 측면에서 전기차와 신재생에너지 이외에도 수많은 탄소제로 수법들이 있고 이를 친환경산업으로 육성해 나갈 수 있기 때문이다. 기후변화에 대응하는 국가정책의 핵심은 전기차 100% 목표가 중요한 것이 아니라 근본적으로 자동차를 줄여나가는 정책, 에너지 사용을 줄이는 정책이 중요한 것이다. 도시와 건축차원에서의 정책적 접근이 중요하다.

친환경건축사례

독일 프라이부르크 사례
친환경건축으로 설계된 빌딩 옥상의 펜트하우스의 모습. 지붕에는 태양광판넬이 설치되어 재생에너지를 활용하면서 실내에 햇빛유입을 차단하도록 설계되어 있고 옥상은 정원으로 조성되어 있다.

옥상정원에서 바라본 친환경주택의 정면

왜냐하면 건축 부분의 온실가스는 총 온실가스의 발생의 약 44%, 에너지 이용량의 약 62%를 차지하고 있다는 점을 고려할 때 건축분야의 탄소배출억제정책이 더욱 중요하기 때문이다. 녹색산업시장을 선도하고 기술습득으로 이어질 수 있도록 후속적인 친환경구축사업 추진이 필요하다. 대안으로써 건축적 차원에서의 추진과 도시적 차원에서 추진되어야 한다는 점이다. 즉, 일차적으로 공공건축물을 중심으로 친환경건축 모델사업을 추진하면서, 이차적

환경수도의 모델로 알려진 독일 프라이부르크 시내모습
잘 조성된 가로수와 잔디 주차장이 있는 학교 주변환경.

으로는 친환경도시 조성으로 연계 추진될 수 있도록 도시계획차원에서 적극적으로 반영할 필요가 있다. 과거 제주도청에서 기후변화대응TF를 구성하였으나 아무런 성과가 없었던 것은 행정부서간의 비협력적 관계, 친환경산업에 대한 인식부족 등 복합적인 원인에서 기인되는 문제였다고 생각된다.

유엔 기후변화협약 당사국총회를 계기로 탄소제로의 섬, 제주구상에 대한 정책적 의도와 목표가 정착되기 위해서는 향후 공공 및 민간분야에서의 친환경건축 추진과 보급에 대한 구체적인 로드맵작성과 활성화를 위한 금융지원책과 제도개선이 병행되어야 할 것이다.
  친환경건축물의 효과를 극대화하기 위해서는 다음과 같은 사항들이 집중적으로 검토되어야 한다.

  첫째, 설비중심에서 공간디자인 중심의 친환경건축을 디자인 매뉴얼의 보급과 금융지원 제도의 정비,
  둘째, 친환경건축 기술축적을 위한 실증단지의 조성,
  셋째, 친환경건축 기술지원, 보급 및 인증을 위한 조직설치와 관련기구의 강화,
  넷째, 친환경 생활공간의 구축을 위한 도시계획에서의 접근(예를 들면 장기적으로 콤팩트 시티의 추진, 녹지공간의 확충과 자동차억제 등),
  다섯째, 친환경건축설계기법을 적용한 공공건축물의 구축, 특히 공공건축물의 사회적 기여는 중요한 의미를 갖는데 기존 공공건축물의 친환경빌딩화 모델사업을 비롯하여 행정기관 자체 발주공공건축물을 친환경건축화이다.

  제주지역의 기후와 풍토에 적합한 친환경건축물을 보급하고 인증하기 위해서는 신뢰할 수 있는 과학적인 데이터를 충분히 갖추어야 한다.

공공성이 없는 민간특례사업을 통한 개발문제

- 일몰제에 사라진 도시공원 -

　전국적으로 도시공원으로 지정되었던 수많은 곳들이 일몰제에 의해 2020년 7월 도시공원지정에서 해제되었다. 오랫동안 사유재산권을 행사하지 못했던 권리의 회복이라는 긍정적인 측면과 아울러 도시공원해제에 따른 난개발 확산을 우려하는 부정적인 측면이 공존하는 것이 사실이다. 문제는 2020년 7월 1일부터 적용되기 때문에 대응책을 서둘러야 했다. 사실 이 문제는 1999년 10월 헌법재판소에서 헌법불일치 결정을 내렸을 때부터 대응할 수 있는 시기를 놓쳐버렸다는 점에서 행정의 책임이 크다.

　공원은 도시계획에 있어서 재해 및 재난, 그리고 시민의 휴식공간으로서 중요한 기반시설이어서 시민의 삶의 질과 밀접한 관련을 갖고 있다. 일몰제 시행 이전에 미집행도시공원의 위치와 규모 등에 따라 우선조성 공원부지로 조성하는 등 다양한 대응책을 수립했어야 했던 것이다. 예를 들면, 「도시공원 및 녹지 등에 관한 법률」에 근거하여 토지소유자와의 도시공원 부지사용계약 체결을 통해 소유자에게 일정기간 소득을 보장해 주며 공원기능을 유지하게 하거나 민간공원 형식으로 추진하는 방식 등 도시공원부지의 성격과 기능에 맞게 탄력적인 시범사업으로 적용도 가능했을 것이다.

　행정이 나서서 민간에게 특별히 혜택까지 주어가며 대규모 아파트단지 중심의 사업을 추진하는 것은 원래 도시계획상 도시공원 지정의 목적이나 이미 과포화 상태에 이르고 있는 집합주택시장의 현실을 고려해도 적절하지 못한 개발사업이다. 특히 주거단지를 민간자본에 의해 개발사업을 추진함으로써 도시공원이 갖는 공공성의 가치가 크게 훼손될 뿐만 아니라 개발

지역 주간선도로에 가해지는 경관변화의 압박도 적지 않아 공공성의 가치도 크게 훼손될 수밖에 없다.

그렇기 때문에 도시공원 민간특례사업은 재고再考되어야 할 개발사업이다. 개발의 명분이나 사회적 공감대, 경관과 환경의 공공성 가치에서 실이익을 찾을 수 없기 때문이다.

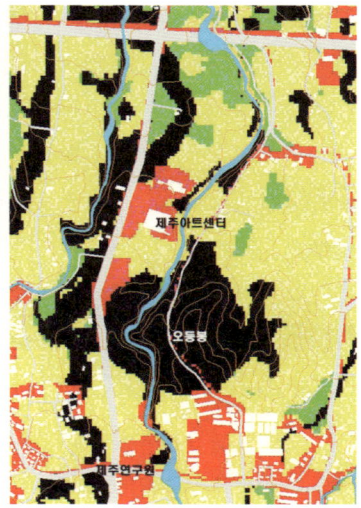

논란이 되는 오등봉 도시공원 민간특례사업 후 경관변화시뮬레이션

개발사업지의 환경성
짙은 녹색일수록 환경과 경관가치가 높은 지역이다.
출처: 환경부 국토환경성평가지도

공공성이 없는 민간특례사업을 통한 개발문제 | 일몰제에 사라진 도시공원

한라도서관 입구에서 바라본 개발 이전(위)의 모습과 이후(아래)의 가로경관변화 시뮬레이션

비자림로 확·포장 논쟁을 보며

- 세상에 쓸모없는 나무는 없다 -

　비자림로 확·포장 둘러싼 문제는 이미 2010년에도 사회적 논란거리였다. 당시는 교통사고의 위험이 큰 S구간을 직선도로로 변경하려는 계획이었다. 안전을 위한 것이기는 하지만 평탄한 지역에서 차량중심의 도로 직선화가 적절한지 논란이 되었던 것이다. 현재 논란이 되고 있는 비자림로 확·포장 공사 역시 차량의 원활한 흐름에 중심을 두고 있다. 교통정보센터에 따르면 대상구간의 상하행선 하루평균 시속 50㎞/h정도가 유지되고 있다고 한다. 비교적 원만한 교통 흐름인 셈이다. 그럼에도 불구하고 200억 원의 예산을 들여 확·포장되는 2.94㎞ 구간 도로의 평균시속이 10~20㎞/h정도 높여져도 겨우 1분 이내 단축된다고 한다. 경제적인 타당성도 논란이다.

　제주도는 확·포장 공사의 당위성을 몇 가지 제시하고 있다. 먼저 지역주민의 숙원사업이라는 점이다. 현직 도의원뿐 아니라 과거 도의원들도 지역 숙원사업으로 추진해 왔고 제주도에서는 예산이 없어서 정부예산을 받아 추진하는 사업으로 당위성을 강조하고 있다. 그러나 숙원사업이라고 모든 개발사업이 추진되어야 할 당위성이 있는지 의문이다. 과거 산지천, 병무천, 한천 복개사업도 주민숙원사업이라는 이름 아래 토목공사를 강행했었다. 지금은 철거의 필요성이 높아지고 있는 점은 무엇을 시사하고 있는지 생각해볼 문제이다. 다른 한편에서는 비자림로 주변 나무는 인공림이고 가치 없는 삼나무여서 벌채한 후 제주 고유종인 비자나무와 산딸나무, 단풍나무 등으로 수종을 교체한다는 계획을 제시하고 있다. 참으로 환경에 대해 무지한 발상이다. 일제강점기 인공림이 조성되기 시작하였고 이후 박정희 정권이 대대적인 식목사업을 추진하면서 우리 강산은 크게 변하였다. 수십

년 정성을 들여 조성된 인공림 역시 역사적 의미를 담고 있는 생태자원이다. 초기에는 육성 이후 부분적으로 벌목하여 사용할 목적으로 조성하였으나 오랜 세월이 흐르면서 인공림의 경관적 가치가 더욱 부각되면서 이곳이 관심과 인기를 끌게 된 것이다. 벌채 및 가공의 경제적 가치보다는 경관적 가치가 더욱 커진 것이다. 궁극적으로 나무와 숲은 가치가 있고 없음의 문제가 아니며 모든 숲은 자연의 한 부분이다. 따라서 인공림과 원시림의 가치를 이분법적으로 보는 것 자체가 모순이다.

특히 논란의 비자림로는 2002년 정부로부터 「전국에서 가장 아름다운 길」로 선정된 길의 일부이다. 비자림로는 제주시 구좌읍 비자림로, 조천읍 비자림로로 구분되어 있고 이 길 전체가 아름다운 도로이다. 연속적인 경관의 아름다움과 환경적 가치, 즉 공공성의 가치가 크다면 더욱 큰 가치를 공유하는 방향으로 가는 것이 합리적인 것이다.

비자림로 주변의 아름다운 경관
넓게 확장된 도로부분이 벌목된 지역이다.

비자림로 확·포장 공사 재개를 보면서 다시 한번 개발에 대해 생각해 보며 필자의 저서, 『제주도시건축을 이야기하다』(제주대학교 출판부, 2009년)에서 언급했던 글을 재인용하는 것으로 결어結語를 대신한다.

"높고 크게 만드는 것이 발전이요 성장이라는 고정관념을 벗어나 작지만 아름다운 건축의 가치를 아는 것, 약간 불편해도 지형변경의 최소화를 위해 고민하는 것, 휘어지고 구불구불한 도로를 펴고 싶은 유혹을 참는 것, 이 땅 위의 나무와 풀 한 포기도 소중히 하는 것, 가진 것을 모두 개발하기보다는 비워두고 남겨둠으로써 미래에 더 적절히 대응할 여지를 마련해 주는 것, 이러한 것들이 이 시대를 사는 우리가 후세를 위해 하여야 할 일이다."

확·포장을 위해 벌목된 부분

도시화와 빛 공해

- 밤에 쉬지 못하는 도시 -

1879년에 발명된 에디슨의 백열전구는 일상생활의 대변혁을 일으킨 기기로 평가받는다. 지금이야 일상생활에 있어서 없어서는 아니 될 필수적인 도구이지만 밤에도 낮과 같이 일상생활이나 생산활동을 할 수 있다는 것은 분명 생활혁명이자 인류 문화의 상징성을 보여주는 것이었다.

수년 전 NASA가 국제우주정거장의 우주 비행사들이 동북아시아 상공을 지나면서 한반도의 야경을 촬영한 사진은 경제적·정치적으로 시사하는 바가 크다. 국가와 지역의 발전성과 낙후성, 특히 휴전선을 경계로 남과 북이 분단된 한반도의 불빛은 체제의 폐쇄성과 경제능력을 상징적으로 보여주는 것이었다.

그러나 체제의 우월성과 경제력의 상징성을 갖기도 하지만 동시에 상대적으로 도시화, 과밀화로 인해 과도한 빛의 사용으로 인해 수면장애뿐만 아니라 도시 내 생태계의 교란 등 다양한 사회문제의 표면화에도 주목할 필요가 있다.

우리나라는 인구의 90%가 도시에 거주하면서 이제 도시화의 마지막 단계에 들었다고 한다. 제주도 역시 1990년대 이후 도시의 확장정책과 아울러 고도완화를 통해 초고층건축물이 점차 보편화되면서 다양한 문제가 발생할 가능성이 높아지고 있다. 제주시 노형동에 들어선 드림타워의 광고물로 인한 빛 공해문제가 이제 시작점에 있음을 보여주는 것인지 모른다. 선진국의 도시화에 따른 초고층화 현상은 경관문제, 일조권조망권 문제, 교통혼란 문제, 빌딩풍 문제, 외피의 유리 마감재에 의한 빛 반사 문제 등 다양하고 복합적인 문제를 야기시키고 있고 야간에는 과도한 빛 공해도 이슈가 되고 있다.

특히 빛 공해는 인간의 생활리듬을 변화시키고 도시 내 생태계의 변화를 야기시킬 가능성이 여러 사례에서 보고 되고 있다. 일반적으로 빛 공해는 빛의 잘못된 사용에 따른 빛에 의한 피해를 빛 공해로 정의하고 있는데 이에 대응하기 위해 외부 조명의 에너지절약, 인체의 건강위해 방지, 생태계보호의 목적을 위해 체계적인 관리 필요성이 제기되고 있다. 예를 들면, 조명의 배광기법, 빛 공해 저감 방법, 빛의 조사照射범위와 경계를 명확히 할 필요가 있고 야간경관 및 조명환경을 창출하여 좋은 빛 환경을 만드는 것이 중요하다.

드림타워의 전경

우리나라도 2019년 「인공조명에 의한 빛공해 방지법」이 제정되어 인공조명으로부터 발생하는 과도한 빛 방사 등으로 인한 국민 건강 또는 환경에 대한 위해危害를 방지하고 인공조명을 환경 친화적으로 관리함으로써 건강하고 쾌적한 환경에서 생활할 수 있는 법적 근거가 마련되었다. 이미 제주도는 2015년에 「빛공해 방지 조례」를 제정하는 등 상당히 앞서 있다. 그러나, 후속조치와 사업의 추진 등 선도적인 추진이 뒤따르지 못한 것은 아쉬운 부분이다. 드림타워의 빛공해를 비롯한 외장재로 인한 대낮의 빛 반사문제, 빌딩풍 문제를 보면서 도시건축부서의 업무영역과 단순히 빛의 통제를 관리하는 환경부서의 업무영역 간의 통합적 접근과 관리가 필요하다고 생각된다. 건축의 인허가단계에서도 준공 및 입주관리단계에서의 관련부서간의 유기적인 협의도 중요하고, 제도적 보완도 필요하다.

녹색도시 조성을 위한 접근방안

　제주도 기후변화는 전국의 주요 도시와 비교하여 기온과 습도, 일조율에 있어서 특징이 있다. 따라서 기계적 설비에 의존한 친환경건축의 보급과 인증보다는 건축의 재료와 형태, 배치 등 디자인에 초점을 둔 친환경건축의 활성화가 중요하다.

　친환경건축물이 활성화되기 위해서는 보다 적극적인 금융지원과 설계지원 등이 필요하다. 금융자원의 경우, 현행제도에서는 신축건축물의 취등록세 감면, 분양가 가산비용 혜택, 기존 건축물의 친환경건축물 인증 시 재산세 감면, 환경 개선 부담금 경감에 국한되어 있어 건축주에게는 실질적인 이익으로 받아들이기에 한계가 있다. 따라서 허가기간 단축과 도심지역에서의 용적률 완화, 층고제한 완화 등 행정적인 측면에서의 지원, 세금 혜택, 건축허가 비용 등의 감면 및 면제 혜택뿐만 아니라 융자금 인센티브, 저금리 융자알선 등의 적극적인 경제적인 지원이 상당히 효율적일 것이다.

　설계지원 경우, 기후적 특성을 반영한 패시브 디자인Passive Design를 적극적으로 적용하는 것도 적극적인 대응방안이다. 예를 들면, 7월과 8월의 최

 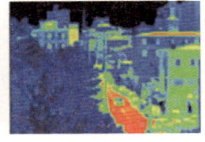

열화상카메라로 본 공원과 도로주변 건축물의 한낮 온도변화

열화상카메라로 본 옥상녹화 건축물과 주변 건축물의 한낮 온도변화

고기온이 지속적으로 증가하고 있고 열대야 현상이 지속되고 있어 여름철 냉방에너지 사용량 역시 급증하고 있는 현실을 고려할 때 우선적으로 냉방부하를 절감하는 것이 중요하다. 1차적으로 일사의 차단을 위한, 차양, 루버 적용 및 고반사율의 재료 등의 도입과 2차적으로는 자연환기를 최대한 발생시키기 위한 단면계획 및 창호 배치계획이 요구되며 창호배치, 실외높이, 실의 깊이의 상관관계를 적절하게 계획하는 방안이다.

인센티브제도의 도입과 건축계획상의 기술적 지원과 함께 녹색산업시장을 선도하고 기술습득으로 이어질 수 있도록 후속적인 친환경구축사업 추진이 필요하다. 대안으로써 건축적 레벨에서의 추진과 도시적 레벨에서의 추진이 바람직할 것으로 생각된다. 즉, 1차적으로 공공건축물을 중심으로 친환경건축 모델사업을 추진하면서, 2차적으로는 친환경도시 조성으로 연계 추진될 수 있도록 도시계획차원에서 적극적으로 반영하는 것이다. 이는 친환경건축에서 친환경도시차원으로 확산되어 친환경건축의 개념을 확대한 것이다. 향후 공공 및 민간분야에서의 친환경건축 추진과 보급에 대한 구체적인 로드맵작성과 활성화를 위한 금융지원책과 제도개선이 필요하다고 할 수 있다.

친환경건축물의 효과를 극대화하기 위해서는 다음과 같은 사항들이 논의되어야 할 부분이다.

첫째, 설비중심에서 공간디자인 중심의 친환경건축을 디자인 매뉴얼의 보급과 금융지원 제도의 정비
둘째, 친환경건축 기술축적을 위한 실증단지의 조성
셋째, 친환경건축 기술지원, 보급 및 인증을 위한 조직설치와 관련기구의 강화
넷째, 친환경 생활공간의 구축을 위한 도시계획에서의 접근
다섯째, 친환경건축설계기법을 적용한 공공건축물의 구축.

이를 바탕으로 행정기관 자체 발주공공건축물을 친환경건축화하고 제주지역의 기후와 풍토에 적합한 친환경건축물을 보급하고 인증하기 위해서는 신뢰할 수 있는 과학적인 데이터를 충분히 갖추어야 한다. 따라서 선도적으로 공공건축물의 친환경건축화를 통해 친환경건축물에 대한 에너지소비변화, 업무공간의 효율화 등 실증적인 데이터 수집과 관리 분석을 통해 친환경인증기준으로 적용되는 항목들을 지속적으로 보완하려는 노력이 필요하다.

참고문헌

김태일, 제주도시건축을 이야기하다, 제주대학교출판부, 2008.

김태일, 제주도시건축과 삶의 풍경, 제주대학교출판부, 2014.

김태일, 제주 원도심으로 떠나는 건축기행, 도서출판 각, 2021.

데이비드 네베스 저, 고영자 역, 제주 땅에 새겨진 신유가사상의 자취, 제주시 우당도서관, 2012.

시바 료타로 저, 박이엽 역, 탐라기행, 학고재, 1998.

제주특별자치도, 제3차 제주특별자치도 건축자산 기초조사 학술용역, 결과 보고서, 2020.

제주특별자치도, 제주 옛길 조성 및 관리지원 종합계획, 2020.

Carlo Scarpa, Taschen, 2002.

50개의 주제로 보는

제주 도시건축의 단면
: 땅·공간 그리고 삶의 풍경

발행일 2022년 12월 27일
저자　김태일
발행인 김일환
발행처 제주대학교 출판부

등록　1984년 7월 9일 제주시 제9호
주소　63243 제주특별자치도 제주시 제주대학로 102
전화　064-754-2278
팩스　064-756-2204
www.jejunu.ac.kr

제작　디자인신우
　　　　제주특별자치도 제주시 연미길82(오라삼동)
　　　　064-746-5030

ISBN 978-89-5971-151-2
ⓒ 김태일 2022
정가 15,000원

※ 이 책은 저작권법에 따라 보호를 받는 저작물이므로 무단 전재와 복제를
　 금합니다.
※ 파손된 책은 구입하신 곳에서 교환해 드립니다.